享受四季意趣 歡慶傳統節日

精緻和風便當料理

大田忠道 著

瑞昇文化

精緻和風便當料理　目次

第一章　四季意趣便當

第二章 集會、慶祝、節慶的趣味便當

第三章 外送、外帶的便當

便當製作的調理指南

開始閱讀本書之前

■本書主要著眼於餐廳內受歡迎的便當，並以這些便當的製作方式為例來進行介紹。關於各種料理所標示的份量，會因便當盒大小和形狀的差異而有所不同，所以也有不註明的情況。請參考書中所寫的材料和調配比例，準備適當的份量。

■本書的計量單位分別為1大匙（15mℓ）、1小匙（5mℓ）、1杯（200mℓ）。

■在便當料理的調理方面，安排了「便當製作的調理指南」（102～128頁）的章節，介紹各種調理手法的技巧或調味方式的特色等；另外也收錄了「便當料理　調配指南」（130～135頁），內容為本書常見的煮物或燒物的湯汁與醬料的比例。請搭配作為參考。

■本書寫到「高湯」時，原則上是指用柴魚片熬出來的一次高湯。有關高湯的製作請參考「一次高湯的熬法」（109頁）。另外，關於湯品和煮物經常用到的「基本的八方高湯」，請參照112頁。

■根據調理方式的不同，請適度烹煮酒與味醂，待酒精成分揮發後再作使用。

■關於魚的處理法，「處理好的魚肉」是指魚切開之後，去除掉腹部的骨頭以及一些小骨頭之後的魚肉，「上身」則是指將處理好的魚肉去皮。此外，在預先準備中提到的薄鹽水，是指約為海水濃度的鹽水，用在魚貝類的事前清洗與預先調味上。

四季意趣便當

春趣便當

讓人感到興奮雀躍、滿心歡喜的季節，便當裡也大量運用了明亮的顏色或是鮮明的翠綠。在這些當季的食材中，山菜和野草那獨特的淡淡苦味相當令人喜愛，而在煮物、涼拌菜、湯品、壽司方面，也不能少了竹筍料理。另外還有豌豆仁與蠶豆這類的柔和綠色，也是富有春意的點綴。魚貝類則首推櫻鯛，也有銀魚和稚香魚等春季獨特的美味。模仿花瓣模樣的百合根與胡蘿蔔，也經常作為配料使用。

※本項的製作方式與解說在136頁～

半月便當

在半月形的便當盒裡塞滿了富有春意的料理，感覺十分奢華的便當，而在打開盒蓋的瞬間，又更加令人心生期待。飯類是放入顏色好看的水針魚與蝦子的手綱壽司卷，增加了便當的料理性。除了重視色調之外，若在外型上也增添一些趣味，料理的整體感將會變得更好。雖然一般的半月形便當盒隔板是放置得像「入」字，但也有反過來擺成「人」字的情況。

〔左框〕姫醋涼拌青柳貝干貝、草蘇鐵嫩芽／燸肉奉書卷／蕪菁、竹筍、南瓜煮物／烏賊松笠煮／柔煮章魚／絹莢豌豆／花形蓮藕／雙色真薯／甘醋醃漬炸圓鱈／綠色蔬菜／牛肉卷物（玉米筍、白蘆筍）／山椒嫩芽

〔右框〕鰻魚蛋卷／白鯧西京燒／梅子醋醃漬蘆筍／霰餅炸蝦泥／山藥壽司／土魠魚祐庵燒／茶福豆撒罌粟籽／各式麵衣炸魚漿／旨煮日本九孔／螢烏賊拌醋味噌／玉簪嫩葉／土當歸嫩芽

〔飯類〕水針魚與蝦子的手綱壽司／豆皮壽司

春

松花堂便當

雖然是正統的黑色松花堂便當盒，但是就如同此處所介紹的，可以用內部的中子容器（套盒）來表現出季節感。料理是把春季特有的竹筍、蜂斗菜、鯛魚子做成什錦拼盤，還有土魠魚祐庵燒、銀魚利休炸等菜色，飯類則是能讓人開心享用的蒟蒻豆皮壽司與高菜壽司。搭配造型白飯時，如果有一道味道較濃、可以當成配菜的料理，會很受歡迎。

〔生魚片〕燒霜白帶魚／烏賊一拖一生魚片／水針魚長條生魚片／近江紅蒟蒻／花瓣形狀的胡蘿蔔／大原木蘿蔔

〔煮　物〕鯛魚子、蜂斗菜、竹筍、裙帶菜、胡蘿蔔的什錦拼盤／山椒嫩芽

〔八　寸〕土魠魚祐庵燒／鹽煮蠶豆／黃身衣炸蝦／梅子醋醃漬蘆筍／蜜煮丸十／小袖高湯蛋卷／銀魚利休炸

〔飯　類〕蒟蒻豆皮壽司／高菜壽司／牛蒡撒土佐粉

◇湯品　嫩草豆腐／櫻花蘿蔔／油菜花／花瓣形狀的胡蘿蔔

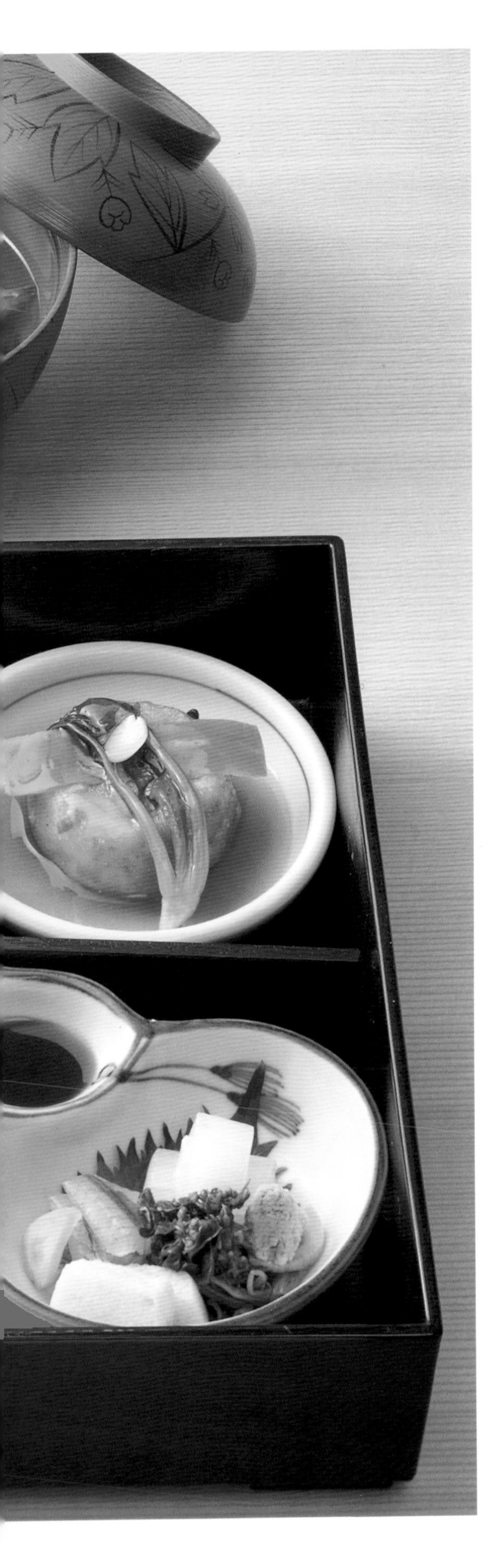

幕之內便當

在分成六格的便當盒裡，分別裝入生魚片、什錦拼盤、燒物、炸物這些用各種不同調理法製成的料理。料理的擺放重點是在每一格內都做出相當勻稱的留白，因此適當地調整了料理的份量。

〔生魚片〕水針魚長條生魚片／烏賊一拖一生魚片／豆腐皮蒟蒻／醬油醃漬花山葵

〔煮　物〕蝦子黃身煮／小芋頭、胡蘿蔔與南瓜的什錦拼盤／蕨菜／絹莢豌豆／山椒嫩芽

〔八　寸〕鮭魚有馬燒／帆立貝干貝黃身燒／蜜煮丸十撒罌粟籽／手綱蒟蒻／甘醋醃漬蓮藕／鹽煮蠶豆／紅酒醃漬樂京

〔炸　物〕各式麵衣炸蝦泥／銀魚利休炸／山菜天婦羅（草蘇鐵嫩芽、土當歸葉）

〔主　菜〕鱉甲芡汁飛龍頭／胡蘿蔔／小松菜

〔飯　類〕山菜握壽司

◇湯品　銀魚若竹椀

盒裝便當

在稍大的漆器盒子裡，用色彩輕快的料理搭配櫻花形狀的器皿，加深了春季的風情。雖然擺入較多的煮物料理，且飯類的部分是搭配散壽司，但作為一餐還是很有飽足感，也非常的下酒。在手持的托盤上也做了相應的巧思。

〔八　寸〕高湯蛋卷／白鯧西京燒／燻製鴨里肌／蠟燒白帶魚／美人粉炸銀魚／豆腐皮淋醬燒／鹽煮蝦／柔煮章魚／油菜花／蜜煮楊梅

〔煮　物〕（左前方的黃色小缽）竹筍、牛蒡、胡蘿蔔、蒟蒻的煮物
（櫻花瓣小盤）油豆腐煮物／旨煮鯛魚子與魚肝／伽羅蜂斗菜

〔飯　類〕散壽司

◇湯品　禮箋模樣的蝦與鯛魚真薯的清湯

手提三層重盒

雖然是抽屜式的手提三層重盒，但藉由讓料理帶有厚實感，發揮出了便當盒的魅力。將運用春季食材精心設計的料理整整齊齊地裝入盒內，做出有品味的成品。

〔第一層〕生魚片（烏賊、涮竹節蝦、涮章魚三種裝）

〔第二層〕高湯蛋卷／白帶魚酒盜燒／蜜煮丸十撒罌粟籽／水針魚蕨菜／燉煮胡蘿蔔／白煮梅花形狀的蘿蔔／柔煮章魚／燉煮小芋頭／鹽煮蠶豆／鱉甲芡汁飛龍頭

〔第三層〕竹筍年輪壽司／櫻香壽司／烤大羽沙丁魚棒壽司／甘醋醃漬花形蓮藕／牛蒡撒土佐粉

◇湯品　蛤蠣鹹湯

簍裝點心

組合了多種燒物的酒餚，讓人滿心歡喜的一道便當。使用稍微有點深度的竹簍等器具時，可以放入滿滿的料理，立體的擺設也成為了重點。串燒稚香魚、花瓣形狀的小碟子，搭配得非常勻稱。

鰻魚蛋卷／梭魚兩棲燒／白鯧西京燒／帆立貝干貝淋醬燒／蠟燒烏賊／天婦羅（蠶豆、草蘇鐵嫩芽）／串燒稚香魚／鹽煮蠶豆／牛肉八幡卷／醬油醃漬山葵葉／燉煮捲豆腐皮／燉煮胡蘿蔔／山椒嫩芽涼拌竹筍／櫻香壽司／伽羅蜂斗菜／蜜煮楊梅

青竹便當

這是春至初夏的料理，因此，雖然在色彩上還留有春天的氛圍，但藉由將料理裝在清新的青竹便當盒裡，統整出暢快、清爽的感覺。三種不同的卷壽司使料理極富個性，若是蓋上青竹的蓋子再端出來，則又更加讓人驚喜。

鰻魚蛋卷／圓鱈西京燒／旨煮日本九孔／芝煮蝦／燉煮鯛魚子／蔬菜煮物（小芋頭、蜂斗菜、胡蘿蔔、茄子、蓮藕、牛蒡）／柔煮章魚／各式麵衣炸帆立貝干貝／烏賊黃身燒／三色卷壽司／鹽煮蠶豆／紅酒醃漬樂京／花瓣形狀的百合根／山椒嫩芽

夏 趣便當

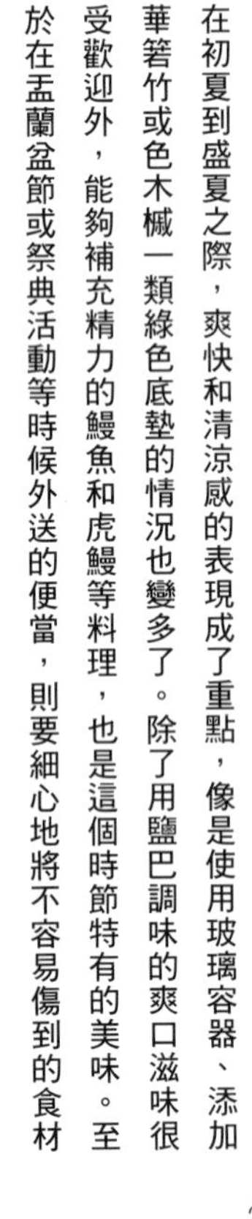

在初夏到盛夏之際，爽快和清涼感的表現成了重點，像是使用玻璃容器、添加華箸竹或色木槭一類綠色底墊的情況也變多了。除了用鹽巴調味的爽口滋味很受歡迎外，能夠補充精力的鰻魚和虎鰻等料理，也是這個時節特有的美味。至於在盂蘭盆節或祭典活動等時候外送的便當，則要細心地將不容易傷到的食材搭配起來。

※本項的製作方式與解說在143頁～

原木長方形雙層便當

在盛夏時也能暢快地一口接著一口，味道清淡的料理搭配。放入了烤虎鰻和蒲燒鰻魚等可以享受壽司滋味的料理，所以擺入了份量較多的什錦拼盤，再配上虎鰻子涼拌等有點少見的料理點綴，展現便當的個性。

〔上層〕虎鰻子與小芋頭的養老涼拌／高湯蛋卷／星鰻綠蘆筍卷／手綱蒟蒻／秋葵／甜椒／樹葉形狀的胡蘿蔔／烤玉米筍／蠶豆／芝煮竹節蝦／帆立貝干貝黃身燒／燉煮小芋頭／柔煮章魚／燉煮香菇

〔下層〕五種壽司（蛇籠蓮藕、蒲燒鰻魚、燒霜虎鰻配梅肉、姬壽司、塞餡料的甜辣椒）／醃漬物（醃漬白菜卷、甘醋醃漬薑、鮮菇時雨煮）

原木六角形雙層便當

以放入蓴菜的冷缽為代表，冰鎮燙虎鰻、星鰻鳴門卷、香魚烤物，就連飯類也採用了烤虎鰻與烤香魚壽司，滿是夏季的代表性美味。運用酸漿和番茄盅來取代格子內的隔板，又再加深了夏日的印象。

〔上　層〕生魚片（冰鎮燙虎鰻、削切鯛魚、涮竹節蝦、烏賊、蘘荷、迷你秋葵）／南瓜煮物／楓葉形狀的冬瓜／牛蒡漢堡排／烤味噌香魚／甘醋醃漬花瓣形狀的薑／冬瓜蝦卷／高湯蛋卷／甘醋醃漬花形蓮藕／旗魚淋醬燒／美乃滋梅子醋涼拌干貝番茄盅／星鰻鳴門卷／松葉插白帶魚黃身燒與蝦

〔下　層〕炙燒生牛肉配山藥泥／金平豆腐皮／烤虎鰻與烤香魚的棒壽司

◇羊棲菜蕎麥麵冷鉢　淋飲用醋

原木松花堂便當

松花堂便當大多是左下格放飯類，右下格放生魚片，接著左後方擺放炊物，右後方擺放燒物，這是考慮到食用便利性的安排，但也會有根據料理的搭配和色彩等因素去改變位置的情況。此處則是特意抑制了色彩的鮮豔度並採用葉片底墊，呈現出夏季的涼爽氛圍。

〔拼　盤〕蓮藕飛龍頭／茄子翡翠煮／竹節蝦／綠蘆筍
〔八　寸〕小袖高湯蛋卷／香魚一夜干／烤山藥／章魚水晶／白帶魚捲蒜莖／烏賊黃身燒／甘醋醃漬花瓣形狀的薑／醋漬蘘荷
〔小　菜〕夏季時蔬凍
〔飯　類〕番薯飯／佃煮裙帶菜莖
◇湯品　放入銀耳的真薯、魚翅、冬瓜、蓮藕

秋趣便當

隨著秋意漸濃，添加在便當盒裡的色彩也從綠色轉變為黃色，紅色也開始變多了。這個時節除了會將配料切成銀杏或楓葉形狀之外，還會添加秋日七草[※1]、將料理擬作滿月等等，有各種表現季節情景的手法。還有栗子、銀杏、松茸、菊花等豐富的山林野地食材，溫暖的料理變得越來越受歡迎。

※本項的製作方式與解說在147頁～

松花堂便當

帶有恬靜秋色的松花堂便當盒裡，備齊了色調沉穩的料理。儘管聚齊了五種顏色，但若再運用與季節相應的獨特色彩，就能營造出很棒的整體感。生魚片有烏賊、帆立貝、白帶魚三種，藉由將它們全部燒霜而具有了秋季的風情，輕淡的焦色也勾起了食慾。

〔生魚片〕三種燒霜生魚片（烏賊、帆立貝干貝、白帶魚）／絲瓜／醋橘

〔煮　物〕茄子翡翠煮／樹葉形狀的南瓜／燉煮海老芋／白煮蕪菁／白煮小芋頭／旨煮日本九孔／蒟蒻時雨煮／薄蛋卷／梅粒果凍涼拌螃蟹

〔八　寸〕香魚味噌醃漬燒／蠟燒圓鱈／柔煮章魚／栗子甘露煮／秋刀魚壽司／五色炸蝦泥／鴻禧菇撒罌粟籽／烤蓮藕／迷你秋葵

〔飯　類〕葫蘆造型飯（白芝麻）／紅酒醃漬樂京

◇湯品　豆腐皮茶巾絞、蝦子、番杏、金針菜、蘘荷

※1：七種秋天的代表性植物，分別是胡枝子、葛、佩蘭、瞿麥、芒草、桔梗和黃花龍芽草。

松花堂便當

在午餐時段非常受歡迎，份量感恰到好處的松花堂便當。配置了留白，做出清爽且高雅的氛圍。撒上菊花與紅紫蘇粉做成的可愛三色飯糰，讓飯類存在感十足。

〔生魚片〕削切鯛魚／三種蒟蒻生魚片／水前寺海苔、黃菊、醋橘
〔炊　物〕燉煮葫蘆形狀的冬瓜／燉煮手鞠蘿蔔、胡蘿蔔、南瓜／白煮白芋莖／鴻禧菇煮物／燉煮鱈魚子
〔八　寸〕鰤魚西京燒／鹽煮蝦／秋刀魚八幡卷／烤香菇／栗子澀皮煮／松葉插銀杏／甘醋醃漬蘘荷
〔飯　類〕飯糰（黃菊、紫菊、紅紫蘇粉）／淺漬蘿蔔

桶裝便當

用柿子盅與田樂燒的海老芋盅加深了秋天的魅力。在便當的容器方面，可以運用方盤或托盤，還有大缽和大盤子等多樣的器皿，並藉由裝盤的巧思，讓人感受到新鮮的趣味。無論哪一種，在擺設上都帶有留白，並且運用水果盅、蔬菜盅和小缽等方式，搭配多彩多姿的料理，擴展出各式各樣的變化。

海老芋田樂燒／蓮藕塞山藥壽司／甘醋醃漬蘘荷／小袖高湯蛋卷／鯛魚龍皮昆布卷／烏賊涼拌鮭魚子／蝦子與白芝麻奶油綠蘆筍的柿子盅／馬頭魚味醂干／烤蔥／燉煮炸茄子／煮浸帶卵香魚／炸鴻禧菇／鹽煮蝦
◇飯類　菊花飯
◇湯品　紅味噌高湯（烤山藥、小米麩）

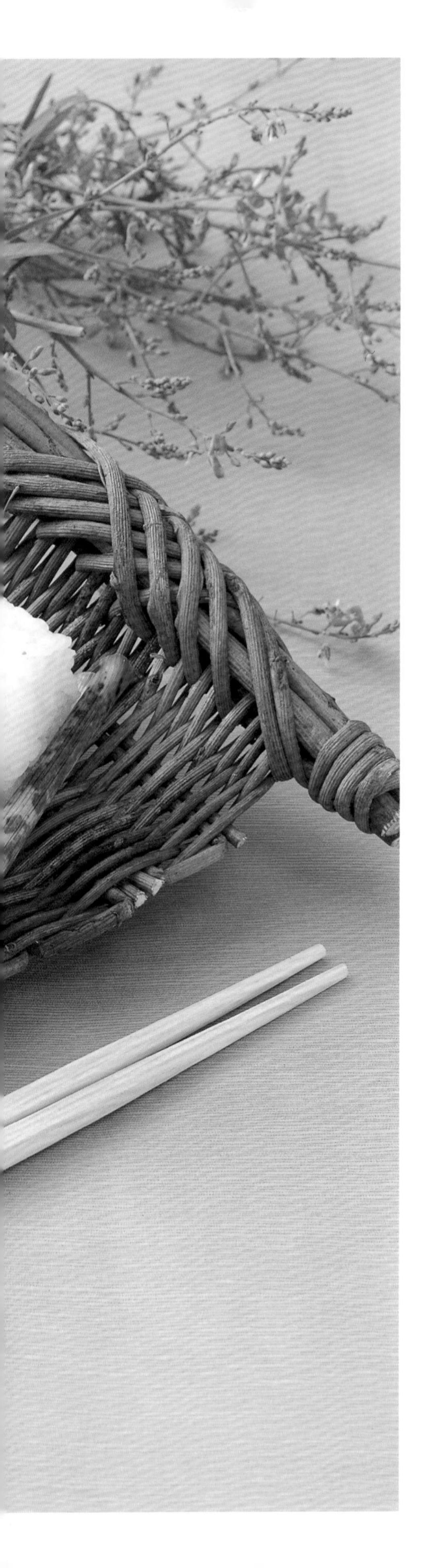

竹簍便當

活用竹簍有趣形狀的便當，飯糰可以填飽肚子，所以不管是拿來配酒還是當作輕食墊胃都很適合。料理則是魚貝類的炸物和燒物等等，雖然因為容器的性質，大多都是沒有湯汁的料理，但也可以巧妙地運用底墊和豆缽一類的器皿。

利休炸、美人粉炸馬頭魚／土魠魚祐庵燒／白鯧西京燒／蠟燒馬頭魚／蔬菜煮物（芋頭、蕪菁、南瓜、蓮藕、胡蘿蔔）／燉煮簾麩／芝煮蝦／小芋頭配雙色雞蛋味噌／秋刀魚八幡卷／俵形飯糰（紅紫蘇粉、芝麻、青紫蘇葉）
〔珍味小碗〕涼拌滑子菇與地膚子、黃菊

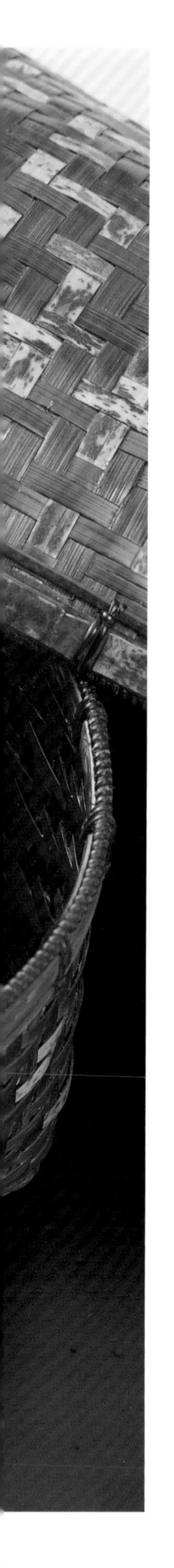

竹籠便當

在讓人感到懷念的竹籠便當盒裡，裝進點心風的料理。因為是具有深度又有著雅素色調的便當盒，考慮到平衡，於是用柿子盅增添高度上的變化與色彩，也將其他的料理擺設得更為立體。

蝦子、蘆筍和芝麻醋涼拌蓮藕的柿子盅／醬燒星鰻／秋刀魚有馬燒／白鯧吟釀燒／鴨里肌／蔬菜煮物（茄子、蕪菁、牛蒡、南瓜、胡蘿蔔）／栗子甘露煮

長方形雙層便當

在約18公分的長方形雙層便當盒裡，將料理擺得整整齊齊，非常適合用於外帶等的便當作法。採用這種便當盒時，若是把飯鋪平就會有種日常的氛圍，所以用造型來添加形狀，增加款待的感覺。

〔上層〕高湯蛋卷／燉煮飛龍頭／鮭魚昆布卷／蔬菜田舍煮（蕪菁、牛蒡、芋頭、蓮藕、鮮菇）／迷你秋葵／金針菜／甘煮茨菰／芝煮竹節蝦／燉煮簾麩／鮭魚有馬燒／甘醋醃漬白蘆筍／甘醋醃漬花形蓮藕／栗子澀皮煮／楓葉形狀的胡蘿蔔／干貝黃身煮／博多燒星鰻配袱紗卵／百合根茶巾絞

〔下層〕黃身炸竹節蝦／秋刀魚有馬燒／松葉插西京醃漬萵筍／柔煮章魚／柚子醋醃漬鴻禧菇／紅酒醃漬樂京／初霜涼拌羊棲菜／造型栗子飯／醃脆蘿蔔

瓦帕便當

在金幣形狀的弧形瓦帕飯盒裡，一點一點地裝進多種料理，深受女性喜愛的便當。醬油醃漬鮭魚子金柑盅以及裝在豆缽裡的豆腐涼拌黑豆，不管是在模樣還是色彩上都是重點裝飾。飯糰則是準備了用梔子花染色的山藥豆飯和紅豆飯。做成了一道小巧卻又有著充實感，只有餐廳才做得出來的便當。

高湯蛋卷／醬油醃漬鮭魚子金柑盅／雀燒小鯛魚／美人粉炸香菇／照燒虎鰻／毛豆／合鴨里肌／葫蘆形狀的日本山藥／手綱蒟蒻／豆腐涼拌黑豆／甘醋醃漬白蘆筍／俵形飯糰（山藥豆飯、紅豆飯）

秋
趣便當

半月便當

最適合賞楓的季節，用途相當廣泛的便當。松茸土瓶蒸也可以擺在一人用的火爐上端出來，呈現出溫暖的感覺。在秋冬之際，作為湯品的替代或是取代煮物，附上小鍋或者蕪菁蒸和茶碗蒸一類熱熱的料理，會非常受歡迎。

〔左後方〕小袖高湯蛋卷／芝煮竹節蝦／秋刀魚有馬煮／柔煮章魚／美人粉炸蝦泥／馬頭魚一夜干／栗子甘露煮／松葉插銀杏／蜜煮楊梅
〔右後方〕蔬菜煮物（南瓜、牛蒡、胡蘿蔔、蒟蒻）／燉煮飛龍頭／燉煮簾麩／絹莢豌豆／楓葉形狀的胡蘿蔔／銀杏形狀的黃甜椒
〔前　方〕三色俵形飯糰（鮮菇炊飯、黃菊、紫菊）／初霜涼拌羊棲菜
◇松茸土瓶蒸

圓形雙層便當

圓形雙層便當的第一層裡，塞滿了風味極佳的鮮菇炊飯，是較為重視飽足感的便當。將整體統一為沉穩的顏色，醞釀出深秋氣息的同時，也讓人感受到料理的本質。

〔上層〕鮭魚有馬燒／小袖高湯蛋卷／香菇利休炸／白煮星鰻／白燒虎鰻／旨煮日本九孔／鮭魚昆布卷／柚子醋醃漬鴻禧菇、香菇／四季豆／甘醋醃漬花形蓮藕／黃甜椒

〔下層〕鮮菇炊飯

小盒便當

在小型的重盒裡擺入炊物、燒物料理，並小心地讓各種料理的味道不要互相影響，再另外附上生魚片、飯以及湯品的風格。除了便當盒之外，再另外端出前菜、生魚片或小鍋等料理的話，會變得更適合用於宴席。

鹽燒鯛魚／白鯧西京燒／蠟燒秋鮭／燉煮蓬麩／煮浸帶卵香魚／煮物（南瓜、蘿蔔、高野豆腐、牛蒡、白煮蕪菁、胡蘿蔔、百合根、鴻禧菇、豆腐皮）／酒盜涼拌烏賊
◇三種生魚片（烏賊、紅魽、白帶魚）
◇飯類　栗子飯
◇湯品　鮮蝦真薯清湯

大德寺便當

這種便當盒原本是在京都大德寺作為糕點盒而生的，以巧妙留白的擺設，發揮出它獨特的品味。用帶有造型的白飯為主體，再清爽地擺入了炊物、燒物等料理。

蔬菜煮物（蘿蔔、南瓜、牛蒡）／燉煮鱈魚子／柔煮章魚／栗子澀皮煮／醬燒鯛魚／蠟燒帆立貝干貝／迷你秋葵／造型飯（黃菊、紫菊）／醃漬紅蕪菁、醃漬胡蘿蔔
◇生魚片　鯛魚生魚片配漂亮蔬菜
◇湯品　糯米麩、蝦子、鴻禧菇、番杏、醋橘

冬趣便當

由秋入冬的變化，雖然北方與南方有相當的差異，但若另外附上冒出熱氣的溫熱蒸物或小鍋等料理，會讓人非常開心，而在調味上比較沉穩有深度、帶點甜味的話，就會帶給人一股暖意。魚貝類方面，也有許多螃蟹、貝類以及鮭魚、鰤魚等進入盛產期的食材，讓人想要巧妙地放進便當裡。

※本項的製作方式與解說在157頁～

這是十二月便當的範例。一旦到了這個時節，竹筍或油菜花一類春季的食材也開始上市了，所以加入少量的「早收」食材來增添樂趣。便當盒是採用市售的糕點盒，即使不如前一頁的大德寺便當般莊重，還是不要將食材塞得太滿，取得恰到好處的留白是重點所在。

小袖高湯蛋卷／馬頭魚西京燒／醬油醃漬鮭魚子金柑盅／芝煮蝦／豆腐皮茶巾絞（銀杏、雞肉、香菇）／蔬菜煮物（南瓜與胡蘿蔔的小手鞠、扭轉蒟蒻）／油菜花／柔煮章魚／美人粉炸馬頭魚／干貝利休炸／醬燒蓬麩／蘘荷壽司／鹽煮一寸豆／茨菰煎餅／梅花造型飯配碎梅
◇湯品　蛤蠣、蕪菁、竹筍、油菜花、松葉形狀的柚子

冬

趣便當

松花堂便當

端正、高雅地擺入生魚片、炊物、燒物、棒壽司，是種不論早晚都適用於各種聚會的作法。大多時候，生魚片和炊物都會使用被稱為中子的器皿，但若是用炊物搭配赤繪系的容器的話，就會展現出溫暖的感覺。此外，在飯類的旁邊必定會配上清香醃菜。

〔生魚片〕削切鯛魚／三種蒟蒻生魚片／花穗紫蘇、青紫蘇葉、紫蘇芽

〔八　寸〕小袖高湯蛋卷／鮭魚有馬燒／蠟燒烏賊／星鰻八幡卷／甘醋醃漬花形蓮藕／蜜煮楊梅／松葉插黑豆、西京醃漬島胡蘿蔔／迷你秋葵、醋漬蘘荷

〔煮　物〕海老芋／簾麩／樹葉形狀的南瓜／蕪菁／鴻禧菇／油菜花

〔飯　類〕燒霜鯛魚棒壽司／梅花形狀的蕪菁

◇湯品　帆立貝干貝真薯、燒霜帆立貝、蓮藕、玉簪嫩芽、黃柚

表現出便當季節感的「配料」和「切雕」

配料是把裝在容器裡的料理襯托得更為亮眼，以此為目的所使用的食材總稱，在日本料理中，配料作為添加季節感和趣味、襯托味道的食材，是不可或缺的。即便是便當料理，也在營造出季節色彩或氣氛上，擔任重要的角色。除了經典的青紫蘇葉、花穗紫蘇、山椒嫩芽、菊花、防風、紅蓼等之外，最近也有採用西洋蔬菜的情況。此外，也經常用到模仿楓葉、樹葉和梅花等形狀的蔬菜切雕。若預先準備好可以用於色彩點綴的配料類和蔬菜切雕，將會非常便利。

●蔬菜切雕

充滿季節意象、別出心裁的切雕，肩負著便當擺設的美觀和裝飾的責任。春天是櫻花，秋天則是楓葉、菊、銀杏等等，製作出各種不同的模樣，煮過之後再用八方高湯等預先調味的話，與便當整體滋味的一體感又會更為提升。

●插上松葉

將配料插上松葉，提高在容器裡的存在感，同時還可以做出立體的擺設。除了經典的銀杏、黑豆以及蒸好的帶皮芋頭等，其他還有章魚、蒟蒻、生麵筋和鮮菇類等等，把喜歡的素材切成小塊後插上松葉，不僅美觀，也有便於享用的優點。

集會、慶祝、節慶的趣味便當

在人們聚會時或開心慶祝的日子裡，料理的職責也非常重要，若是給人很棒的滿足感，就會留下美好的印象。為了使客人更加開心、配合客人們的用途和需求，會想要多花一些巧思。這裡要一併介紹使用大盤子取代便當盒的範例，以及節慶活動的料理等等。

賞花宴便當

用豐富的色彩讓人眼睛一亮

在人人興高采烈的賞花宴上，用豐盛的三層重盒讓氣氛變得更加熱烈。第一層是高湯蛋卷、西京燒、祐庵燒、星鰻八幡卷等等，再配上魚貝的燒物、炸物這類就算經過一段時間依然美味的酒餚；第二層則是擺入色調鮮豔的季節煮物。飯類則是使用大量細心處理過的魚貝的散壽司，可以當下酒菜也能當成正餐，而且外觀也很好看，是受到男女老少歡迎的餐點。

〔第一層〕高湯蛋卷／白鯧西京燒／鮭魚祐庵燒／旨煮日本九孔／三種麵衣炸魚漿／星鰻八幡卷／梅子醋醃漬蘆筍／甘醋醃漬蓮藕
〔第二層〕蔬菜煮物（竹筍、小芋頭、蜂斗菜、牛蒡、胡蘿蔔、絹莢豌豆、油菜花）／燉煮鯛魚子／手綱蒟蒻／鮭魚昆布卷／蝦子黃身煮
〔第三層〕山菜與海鮮的散壽司

涼爽的玻璃大盤

大盤裝夏日酒餚

適合夏天人數少的集會，運用玻璃容器與葉子底墊，呈現出清爽、涼快的例子。將料理擺在眼前明顯的位置，放上讓人聯想到清澈溪水的香魚燒物，除此之外，再搭配上星鰻鳴門卷和蒲燒鰻魚等夏季盛產的魚貝類，帶來不同的飲食風味。蔬菜則是茄子與小芋頭的什錦拼盤，除了煮過的蠶豆和毛豆之外，其他還有塞入魚漿的青辣椒等，運用當季以及快要過季的食材帶來變化。而甘醋醃漬的薑和梅子醋醃漬的白蘆筍不僅色彩好看，也成了味覺上的點綴，所以也請均衡地添加進去吧！

百合根酸漿盅／白鯧西京燒／大德寺麩煮物／煮蝦／高湯蛋卷／蠟燒白帶魚／蒲燒鰻魚／甘醋醃漬花形蓮藕／蔬菜煮物（芋頭、手綱蒟蒻、茄子、香菇）／青辣椒塞餡料／蜜煮丸十／星鰻鳴門卷／烤味噌香魚／美乃滋梅子醋涼拌干貝番茄盅／蠶豆／毛豆／甘醋醃漬薑／梅子醋醃漬蘆筍

享受春季的色彩、滋味……

春日酒餚　竹籃拼盤

以山菜天婦羅為首，在稍大的竹籠內大剌剌地裝滿短爪章魚煮物、烤豬、醬燒星鰻、蔬菜煮物等料理，適合用在親朋好友聚會等場合的酒餚。因為具有份量感所以特別受到年輕人歡迎。因為是種落落大方、富有野趣的作法，所以將料理製成小塊小塊的，擺放起來才不會顯得過於滿溢，而不要過於井然有序也是重點所在。請擺放得易於分食取用。飯類則是準備飯糰和海苔卷之類的即可，非常適合陽光溫暖的戶外。

山菜天婦羅（草蘇鐵嫩芽、玉簪嫩芽、柿子葉、土當歸嫩芽、蘆筍、魁蒿等等）／煮豬肉／高湯蛋卷／醬燒星鰻／鮭魚有馬燒／蔬菜煮物（芋頭、南瓜、胡蘿蔔）／短爪章魚煮物／旨煮鯛魚子與魚肝／蠶豆／油菜花／絹莢豌豆／花瓣形狀的百合根

親朋好友聚會或家庭派對時

小菜便當

在內部設有隔板的圓形容器內，組合各式各樣的料理搭配出前菜風格。採用圓形容器，不管從什麼角度都能簡單地取得各種菜色是它的優點，在親朋好友的聚會或家庭內的簡單派對這類和睦融洽的場合，是一道相當受歡迎的便當。料理只需巧妙地將可以輕鬆夾起或用手拿取的食物搭配起來即可，以幼童到老年人為預設對象，為食材和口味增添變化非常重要。若是能擺設得更加整齊，也適用於站著用餐的派對等場合。

芝麻醋涼拌柿子盅／星鰻治部煮／鱈魚真子煮物／蔬菜煮物（茄子、南瓜、蘿蔔、胡蘿蔔、秋葵、海老芋）／醬燒星鰻／三種烤魚／各式麵衣油炸／栗子甘露煮／炸鴻禧菇／烤蓮藕

健康又有趣，適合夏季的意趣

彩色時蔬卷便當

這也是適合家族以及親朋好友聚會時，別開生面的便當範例，可以品味到爽口的滋味，契合夏日的便當。加入了章魚、鯛魚、白帶魚、鰻魚、蝦子等配料，添加火腿和煎蛋等做成適合孩童食用的便當也非常合適。用來捲食材的蔬菜則是以風味柔和的美生菜為代表，還有可以生吃的萵苣類，以及將芹菜及蘆筍細切作為點綴。若是添上好幾種不同的搭配味噌與醬料，則可以享受味道的變化，會不知不覺地一口接著一口。由於是以健康為取向將蔬菜與魚貝類統合而成的料理，所以也相當受到年輕女性的歡迎。

白飯／蔬菜（苦苣、萵苣、小黃瓜、芽菜、兩種蘆筍、芹菜、甜椒）／配料（鯛魚、白帶魚、章魚、蒲燒鰻魚、煮竹節蝦、火腿）／肉味噌、四種沙拉醬

樸實無華、輕鬆享受為其魅力

中華便當

靈活運用香辛料和多彩調味料的中華料理，擁有不同於和食的魅力，在各年齡層都非常有人氣。此外，這種從前後左右都能方便取用的中華風便當，不會被瑣碎的作法侷限，可以圍著料理營造出愉快的氣氛，也是其魅力所在。這裡是以少人數的聚會為範例，均衡地擺入辣醬蝦和醋豬肉、烤豬等大家熟悉的中華菜色，做出有親切感的菜色內容。

（左）烤豬／黃色甜椒／甘醋醃漬蘘荷
（前方）中華風甘醋醃漬小黃瓜和胡蘿蔔／煮雞肉拌蔥薑醬汁／味噌炒雞肉
（右）辣醬炒蝦
（後方）蝦乾和四季豆的炒物／梅子醬糖醋豬肉／沾麵醬炒烏賊和黑木耳
（中央）蓮葉包中華風糯米飯／楓葉形狀的胡蘿蔔／銀杏形狀的丸十

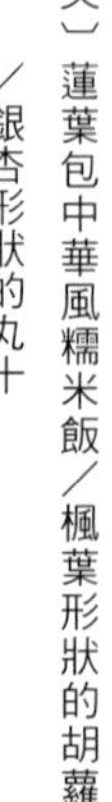

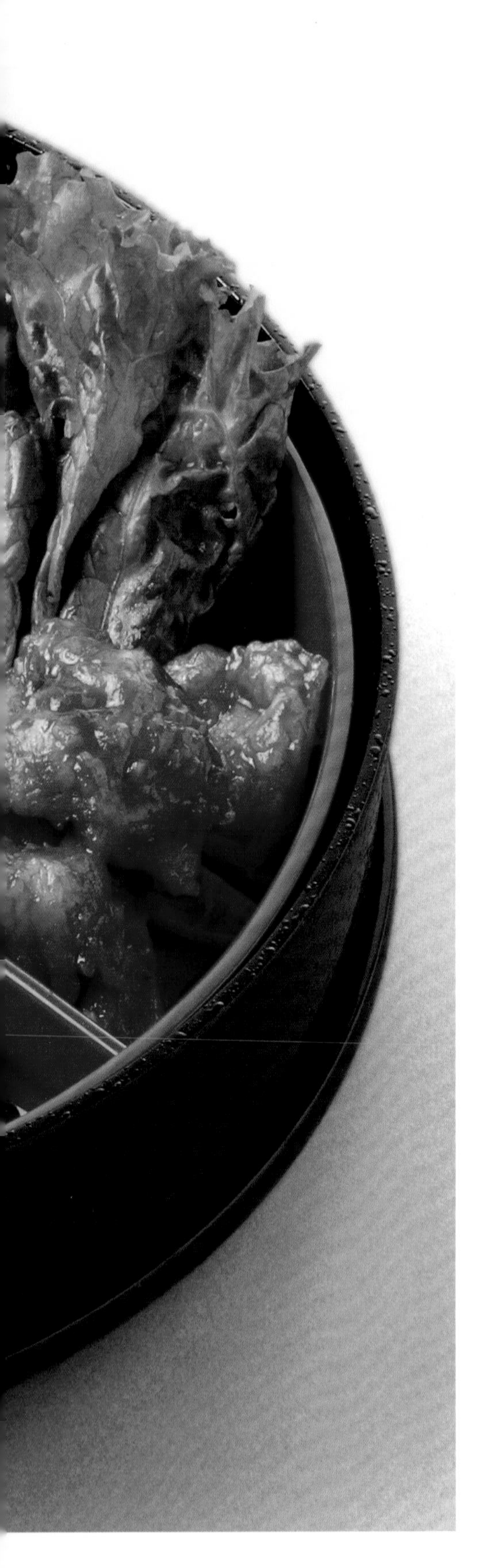

會席料理搭配蕎麥麵的組合，展現獨特的個性

蕎麥麵會席便當膳

將會席料理的要素精緻化統整而成的便當，搭配上香氣十足的蕎麥麵。這是一道在享受完酒菜後，以滑順入口的蕎麥麵來收尾，富有春意的蕎麥麵懷石便當膳。近年來不管是蕎麥麵還是烏龍麵等的專賣店內，將會席作法的便當和料理，搭配上手工蕎麥麵或烏龍麵的例子開始變多，可以說是因為喜愛麵類的客人眾多，其魅力反映在各色各樣的人身上的緣故。若是蕎麥麵店，可以藉由添加蕎麥麵壽司或蕎麥米料理等等樹立出獨特的個性，滿是鄉土特色的蕎麥麵與料理的搭配，在未來也會持續受到歡迎。

〔八　寸〕醬燒白帶魚／美人粉炸烏賊泥／煮蝦／水針魚手綱燒／星鰻八幡卷／螢烏賊拌醋味噌／茶福豆

〔煮　物〕蝦子黃身煮／手綱蒟蒻、蜂斗菜、牛蒡、小芋頭的什錦拼盤／柔煮章魚

◇生魚片　鯛魚、水針魚、烏賊、章魚、蘿蔔、油菜花、裙帶菜、大野芋

◇主餐　蕎麥麵、蘿蔔泥、炒芝麻、青蔥

節日的彩色點心

在節日或是各個季節的活動及祭典等，作為便當或飯菜的主題是相當討喜的。這裡以女兒節、端午、七夕、重陽四個節慶當例子來做介紹，若是運用與節日或活動相關的料理，或是在擺設上下點工夫，就會成為從小朋友到大人都可以享受的料理。

用可愛的擺設享受視覺效果

女兒節點心

做成女孩兒節慶風格的可愛飯菜。用水煮蛋製作出雙色的女兒節人偶，並在蛤蠣形狀的容器裡，放入砧卷和櫻煮章魚。主餐則是配上不管顏色還是模樣都讓人感到愉快的水針魚和蝦子的手綱壽司。

驅邪避凶
祈求一路健康成長

端午點心

料理有香魚的燒物、醬燒星鰻、竹節蝦、烏賊的卷物，以及切成箭羽形狀的小黃瓜等，清爽地擺出男孩子節慶的風格。配上菖蒲與魁蒿，做成清新的慶祝飯菜。

涼爽的作法
帶出很棒的餘味

七夕點心

運用七夕時節的牽牛花和酸漿形狀的容器，做出清爽氛圍的夏日酒餚膳。鯛魚、三文魚、星鰻、烏賊以及水針魚的握壽司，配上魚漿涼拌鮭魚子和醋拌蝦等等的料理，做成既爽口又帶有很棒餘味的料理。

一邊對酌
一邊享受秋季風情

賞月點心

將拌上胡桃味噌的糰子、栗子甘露煮與澀皮煮裝進高腳盤裡，再配上蔬菜的煮物和魚貝類的燒物等等。這是以一邊賞月一邊對酌的意趣，做成有沉靜氣息的飯菜。

充實感十足的小菜風年節料理

年節單層重盒

最近就連年節料理，也在各種趣向上下足了巧思，例如不僅是兩人用，一人用的年節便當也非常有人氣，甚至還有人會點複數的一人用便當。此處介紹的年節料理，雖然是裝入了一人份料理的便當，但在份量上，就算是兩、三個人一同享用，也能夠挑選喜歡的料理而感到十分滿足。料理有竹節蝦、沙丁魚乾、鯡魚子、昆布卷、松風燒等，除了經典的正月料理之外，還少量多樣地加入許多受人歡迎的好滋味，做成了富有樂趣的便當。清新的原木質地便當盒，喚醒了除舊佈新的正月氣息。

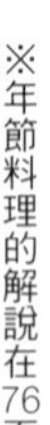

※年節料理的解說在76頁。

熱鬧裝盤、華麗演出

年節三層重盒

把講究規矩的三層重盒經典菜色做出變化，收攏了多種受歡迎的料理，做成有親切感的年節便當。在各層內排入容器以便分隔，是出於不讓各種食物的味道或香味轉移的充分考量。在容器的尺寸上做出大小的編排，不管是要放入製作得較大、想統一數量的燒物和殼裝鮑魚，還是緊密地裝進轉換口味用的涼拌料理等，都會非常便利。採用裏白或杉木這類即使時間流逝也仍舊清新的葉片底墊，就可以聚齊五種色彩，展現出華麗的印象。

關於年節料理

慶祝正月的年節料理演變成現在的形式，是由於江戶時代武士階級的禮法在庶民之間流傳開來，而在這個過程中，賦予了各式各樣的意義，鯛魚、蝦子、鯡魚子、黑豆、沙丁魚乾等，有許多食材因其名字或樣貌，演變成帶有好兆頭的東西。此外，重盒裡的擺設方式等也有許多規則，但現在這樣的風俗已經漸漸式微，也有不少將較為奢侈的款待料理，裝進重盒來取代年節料理的例子。

在不像現今擁有冰箱的那個時代，雖然年節料理多是重視保存性而調味比較濃厚的料理，不過這也有在正月時讓廚房靜下來，讓年神和灶神可以靜靜度過的這層涵義在。

現在則隨著嗜好的多樣化，不僅有和風，還有採用中華風或西式之類的調理法和味道等，多采多姿的年節料理也非常受到歡迎。

話雖如此，還是會想要珍視傳統的慶祝菜餚。雖然沒有必要全部都是有好兆頭的、傳統的菜色，但在各個重點之處放入了正月獨有的菜餚，在表現出迎接新年的喜悅的同時，也能視為日本傳統飲食文化的傳承。

傳統的慶祝菜餚與年節料理

鯡魚子／因為有許多卵，所以象徵後代綿延、子孫滿堂。

沙丁魚乾／過去會將小魚撒在田裡當成肥料，以此祈求五穀豐收。

牛蒡／由於牛蒡根紮得很深，所以有「有毅力」、「家庭繁榮」等含意。拍打過的牛蒡也被稱為「打開的牛蒡」，有開運的意思。

黑豆／可以像豆子般[※2]（健康、硬朗）生活著，以此祈求無病無痛。

蝦子／有著長長的鬍鬚，即使腰已經彎了卻還是很硬朗，以此祈求長壽。

昆布卷／可以拼音成「歡喜」[※3]，所以作為吉祥物是必不可少的。

栗子金團／一整塊金色的模樣，而有生意興隆、帶來財運的含意。

※2：豆子的日文發音，與勤勉、健壯的發音「まめ（mame）」相同。

※3：昆布「こんぶ（konbu）」的發音和歡喜「よろこぶ（yorokobu）」的發音相近。

外送、外帶的便當

【容器協助】勝藤屋股份有限公司／織部股份有限公司

本章介紹用於外帶或外送，也就是盛裝在用過即丟的免洗容器裡的便當範例。現在已有非常豐富的材料、模樣、色彩花樣等，可以更加提升料理的附加價值。

單一容器內配上多樣的作法

松花堂便當

雖然是以春天的松花堂便當作為例子，但為了能夠符合各年齡層的喜好，因而統整成清淡而高雅的味道。放在便當盒內的紙製容器，也有能依個人喜好來挑選的種類，可以按照料理的色調來搭配，做出各種不同的印象。

〔左後方〕黃身炸和美人粉炸魚漿／鴨里肌／鹽煮蝦／萵苣／醋漬蘘荷

〔右後方〕鰻魚蛋卷／柔煮章魚／醬燒星鰻／土魠魚柚香燒／手綱蒟蒻／星鰻鳴門卷

〔左前方〕加藥飯

〔右前方〕鯛魚削切生魚片／白帶魚長條生魚片／紅魽直刀切生魚片／蘿蔔／胡蘿蔔／青紫蘇葉／開花的小黃瓜

將料理擺設得更為亮眼

幕之內便當

外送便當若能擺設得很有美感，宛如餐廳裡享用的便當的話，會讓人多了一層喜悅。為了在運送便當時讓料理不要移位，將擺在主菜前的配料等作為支撐的底座，此外，若是生魚片則裝入滿滿的蔬菜絲來保有立體感。

（左後方）鰻魚蛋卷／柔煮章魚／手綱蒟蒻／迷你秋葵
（中後方）各式麵衣炸帆立貝／高湯煎蛋磯邊卷／鹽煮毛豆
（右後方）什錦拼盤（茄子、樹葉形狀的南瓜、千鳥筍竹筍、星鰻鳴門卷、燉煮芋頭、絹莢豌豆）
（左前方）白鯧西京燒／甘醋醃漬花形蓮藕／蘘荷／蠶豆
（中前方）鯛魚削切生魚片／冰鎮燙虎鰻／章魚／蘿蔔／胡蘿蔔／青紫蘇葉
（右前方）鴨里肌／苦苣／黃甜椒／番茄
（飯　類）散壽司

巧妙地運用格子的大小

喜慶的外送便當

適用於年尾年初的聚餐等，十分豪奢的外送範例，活用六個大小與形狀相異的格子，擺設出豐富的色彩。除了生魚片、煮物、燒物等經典的便當料理之外，在小格子裡還能放入醋拌或涼拌料理等等，將成套的料理做成裝在單一容器裡的形式。

（左後方）鮭魚有馬燒／土魠魚祐庵燒／白煮星鰻／雀燒小鯛魚／烏賊黃身衣燒／博多燒星鰻配袱紗卵／高湯蛋卷／甘醋醃漬蘆筍／蜜煮花形百合根／葫蘆形狀的日本山藥／松葉插黑豆 金箔／花形胡蘿蔔與花形蘿蔔的煮物／紅酒醃漬樂京／樹葉形狀的丸十／稻穗

（右後方）芝煮竹節蝦／燉煮飛龍頭／燉煮簾麩／干貝黃身煮／昆布結／金針菜／四季豆

（左前方）握壽司（海膽、鮭魚子、甜蝦、鯡魚子）／甘醋醃漬薑

（中前方）初霜涼拌羊棲菜／醃脆蘿蔔／鮭魚鳴門卷／水針魚手綱燒／鮭魚子／甘醋醃漬花形蓮藕／細葉香芹

（右前方）幼黑鮪魚方塊生魚片／烏賊細條生魚片／水針魚正方形生魚片

雖然是使用相同的容器，但放入了天婦羅和合鴨里肌等，適合年輕人或是男性較多的場合。

發揮出店家特點的便當盒

喜慶的外送便當

不管是料理還是壽司都擺放得整整齊齊的外送便當。這邊是將天婦羅、生魚片收納在同一個格子裡，左後方的格子則以燒物為首，放入多種酒餚，使其具有充實感。便當盒內的分隔方式也是各有不同，只要選用可以發揮出店家個性的便當盒即可！

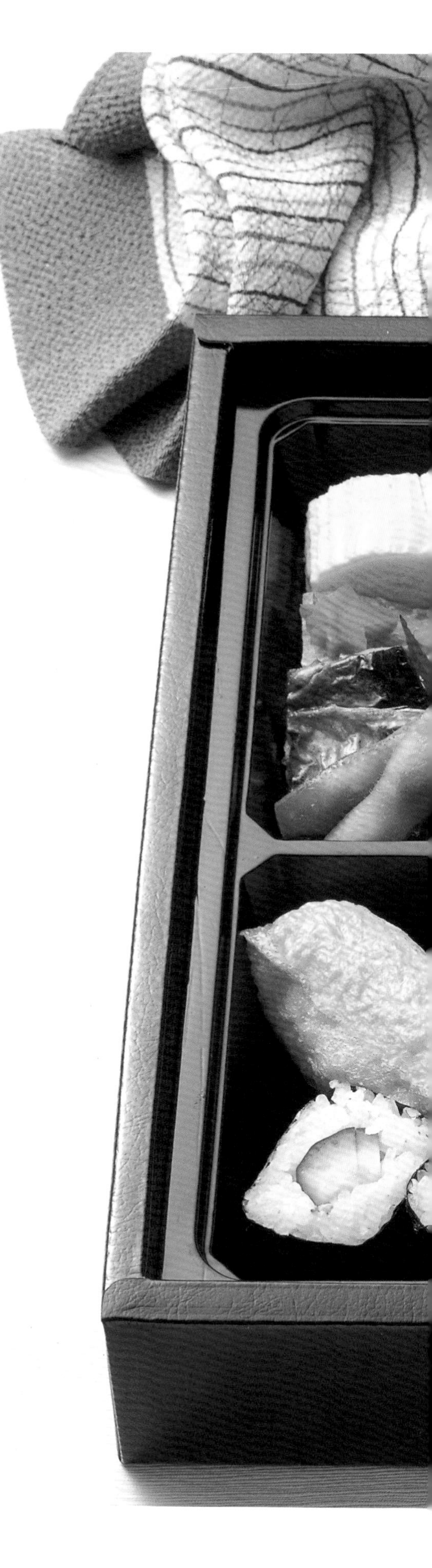

（左後方）高湯蛋卷／旨煮日本九孔／煮浸帶卵香魚／秋刀魚有馬燒／照燒虎鰻／百合根茶巾絞／手綱蒟蒻時雨煮／毛豆／初霜涼拌羊棲菜／甘醋醃漬白蘆筍／楓葉形狀的胡蘿蔔

（右後方）鯛魚削切生魚片／幼黑鮪魚直刀切生魚片／烏賊一拖一生魚片／青紫蘇葉、花穗紫蘇、島胡蘿蔔卷花

（右前方）黃身衣炸蝦／美人粉炸香菇／島胡蘿蔔、山藥、油菜花天婦羅／松葉插鴻禧菇

（左前方）小黃瓜海苔卷／鐵火卷／豆皮壽司／鯖魚磯邊卷／箱壽司／甘醋醃漬薑

滿足習俗與個別的想法

喪事的外送便當

原本喪事料理是不茹葷的，但在都會區等地方，越來越多人並不是那麼介意。話雖如此，每片土地的風俗以及個人主張還是有所不同，因此要以滿足點餐客戶的想法為第一優先。此處要介紹的料理是最近相當普遍的作法的其中一例，雖然放入了生魚片等，但還是按老規矩不使用紅色的食材。

〔左後方〕比目魚削切生魚片、青紫蘇葉、銀杏形狀的胡蘿蔔、唐草花紋的小黃瓜

〔右後方〕各式麵衣炸蝦（黑芝麻、玉米脆片、欠餅）／黃身衣炸蝦／島胡蘿蔔、蓮藕、油菜花的天婦羅／裏白香菇／不裹粉炸萬願寺辣椒

〔左前方〕黑豆飯

〔中前方〕土魠魚祐庵燒／鮭魚有馬燒／甘醋醃漬花形蓮藕／馬頭魚一夜干／烏賊黃身衣燒／萵筍、松葉插章魚／博多燒星鰻配袱紗卵／干貝奶油燒／鹽煮毛豆／高湯蛋卷／柚子醋醃漬鴻禧菇金柑虫

〔右前方〕海老芋、蕪菁、牛蒡、蒟蒻的田舍煮／燉煮飛龍頭／燉煮南瓜／燉煮簾麩／絹莢豌豆／烤白蔥／鰤魚奉書卷／栗子甘露煮／初霜涼拌羊棲菜

〔第一列〕松笠紋烏賊的炸豆腐／甜豌豆／炸魚餅／甘醋醃漬三色甜椒／煎蛋／小芋頭荷蘭煮／螺紋梅花形狀的胡蘿蔔／照燒雞肉

〔第二列〕蒲燒鰻魚／炸蓮藕夾雞絞肉／螃蟹手鞠壽司／合鴨里肌／鹽蒸鮑魚

〔第三列〕迷你番茄塞蟹肉／燉煮南瓜／蠶豆翡翠煮／燉煮葫蘆形狀的麩／栗子甘露煮／姬松笠茨菰／烤星鰻手鞠壽司

〔第四列〕南蠻醃漬星鰻／明日葉天婦羅／柔煮星鰻／炒煮蒟蒻／鮭魚西京醃漬燒／鰻魚雅卷／南蠻醃漬紅鮒／鹽燒帆立貝／生火腿奉書卷／白飯（蠶豆、烤鮭魚）

好夾、好吃

盒裝趣味便當

在分隔而成的小巧格子內，少量多樣地塞入各式料理，變化相當豐富的盒裝便當。由於將每種料理都區隔開來，所以有擺設不易亂掉，味道和香氣也不會混雜的優點在。此外，可以一次性少量地品嚐到各式各樣的料理，所以作為酒餚也很受歡迎。作為主餐享用時，除了盒裝料理之外再供應白飯的話，就會很有份量感。

〔第一列〕一口散壽司（鮭魚子、雞蛋絲、甜豌豆）／生火腿奉書卷／栗子甘露煮／鹽蒸鮑魚、銀杏形狀的番薯／南蠻醃漬帆立貝、螺紋梅花形狀的胡蘿蔔

〔第二列〕炸蓮藕夾雞絞肉／烤山藥、醃漬紅甜椒與洋蔥／爌肉、新採銀杏／甘醋醃漬蓮藕、燉煮青芋莖、迷你番茄／沙丁魚甘露煮／螃蟹砧卷、甘醋醃漬雙色甜椒

〔第三列〕南蠻醃漬星鰻／甘醋醃漬紅椒與洋蔥／蜂斗菜信田炸／鮭魚西京醃漬燒／迷你番茄塞蟹肉／合鴨里肌／煎蛋

小一號的尺寸，對於女性和年長者來說是恰到好處的份量。

配合喜好且份量十足

瓦帕雙層便當

為了讓年輕人也能吃得滿足，搭配上炸物和西式料理，有份量感的便當範例。像瓦帕便當這種沒有隔板的容器，可以自由地塞入料理，所以給人一種熱鬧的印象。緊緊地塞滿、不留空隙，並且在注重外觀的美感與色彩的同時，採取像是插上竹串等手法，在方便食用這一點也下足了心思。專為女性主打的便當，則採用稍微小一點的圓瓦帕，不管是量還是外觀都相當可愛，非常討人喜歡。

〔前方〕玉米筍／雙色甜椒／四季豆／燉煮小芋頭／姬松笠茨菰／燉煮南瓜／炸山藥梅肉青紫蘇葉卷／小黃瓜三文魚卷／葡萄、梨子／楓葉形狀的胡蘿蔔／雞肉與四季豆的豆腐皮卷／高麗菜卷／綠花椰菜

〔後方〕甘醋醃漬蓮藕／銀杏形狀的蜜煮丸十／烤山藥／甘醋醃漬蘘荷／花椰菜／豬肉起司利休炸／豬肉南瓜利休炸／迷你番茄／絹莢豌豆／梅花造型飯（配柴漬）

向女性們推薦小巧且外型可愛的圓瓦帕便當。

〔前方〕天婦羅／金針菇培根卷／馬鈴薯麵衣炸蝦／糙米炸沙鮻與山藥的梅肉紫蘇／霰餅炸帆立貝與南瓜／青紫蘇葉炸沙丁魚／烤山藥／高湯蛋卷／絹莢豌豆／花椰菜／燉煮姬竹／虎鰻蔥味噌鳴門卷／雙色魚漿丸子串

〔後方〕燉煮山藥／燉煮南瓜／小茄子琉璃煮／蕪菁砧卷／綠花椰菜／楓葉形狀的胡蘿蔔／燉煮青芋莖／樹葉形狀的馬鈴薯／甘醋醃漬菊花形狀的蕪菁／水果（乾杏子、奇異果、葡萄柚、柳橙、葡萄）／燉煮小芋頭／燉煮葫蘆形狀的麩／雞肉丸子／甘醋醃漬蘘荷／甘醋醃漬蓮藕／甘醋醃漬雙色甜椒／圓形造型飯

茶蕎麥麵抽屜便當

比起雙層便當更別具趣味的抽屜式便當盒中，裝入了茶蕎麥麵、散壽司和鮮菇飯，非常華麗的一款便當。放在便當盒裡的容器全都有耐水性，可以直接淋上隨附的沾麵醬來享用茶蕎麥麵。

〔上層〕 柿子模樣的蛋／烤秋刀魚／芋頭海膽燒／梅花形狀的胡蘿蔔／蕎麥麵高湯的高湯蛋卷／旨煮芋頭／柔煮章魚／秋葵／炸蝦天婦羅／大眼鯒天婦羅／烏賊海膽燒／茶蕎麥麵

〔下層〕 豆皮蕎麥麵、水果（哈密瓜、鳳梨、櫻桃）／祭典壽司／鮮菇飯

轎子便當

將料理塞在模仿黑色參拜轎子的雙層容器裡，做出豪華的氣氛。上層裝有蕎麥麵卷與壽司，下層則是放入適合作為酒餚、多采多姿的各式料理。並且有效地活用了筷子，將它設置在轎槓的部分。

〔上層／後方〕蕎麥麵壽司／秋刀魚棒壽司／甘醋醃漬紅白薑芽

〔下層／前方〕蕎麥麵高湯的高湯蛋卷／茄子田舍煮／燉煮香菇／白鯧柚庵燒／蒟蒻田舍煮／芋頭海膽燒／秋葵／旨煮芋頭／艷煮川蝦／絹莢豌豆／柿子模樣的蛋／紅白百合根茶巾絞／烏賊海膽燒／栗子澀皮煮／柔煮章魚／烤秋刀魚／迷你番茄

彩色讚岐烏龍麵便當

將讚岐烏龍麵做成便當的作法。烏龍麵分別摻入了抹茶、滑子菇、梅子，可享受繽紛的色彩與滋味。除了經典的天婦羅之外，也放入了煮物和煎蛋等料理，用心做出讓人不會吃膩的便當。

〔第一列〕滑子菇烏龍麵／旨煮芋頭、味噌醃漬溫泉蛋、迷你番茄、紅白百合根茶巾絞／讚岐烏龍麵

〔第二列〕茄子田舍煮、玉米筍、旨煮香菇與牛蒡／抹茶烏龍麵／煎蛋、蒟蒻田舍煮、豔煮川蝦、蜜煮丸十

〔第三列〕讚岐烏龍麵／蝦子、大眼鯒天婦羅／秋葵／梅花形狀的麩／梅子烏龍麵

※沾醬裝在外帶用的醬料瓶裡另外隨附。

【北海道】

北海帆立貝與鮭魚的彩色便當

可以充分品味到新鮮的帆立貝與鮭魚子等海產的便當。飯裡混入了剝散的烤鮭魚，並撒上雞蛋絲做出漂亮的色彩。

【岐阜】

五平餅便當

以岐阜和長野為中心的中部地區，將該區的鄉土料理「五平餅」做成飯糰風。放進竹籠的便當盒內，呈現出令人感到懷念的氣氛。

【京都】

虎鰻與九條蔥的散壽司便當

以京都代表性食物——虎鰻以及九條蔥為主打的「散壽司」。將配料擺成格子花紋，呈現出典雅的氣息。

京綾部便當

【綾部】

位在京都府北部的綾部，有著群山遼闊且寧靜的土地特性。使用當地特產丹波栗子和上林雞，營造出京都秋日的印象。

長崎爌肉便當

【長崎】

大膽地擺上了長崎的名產爌肉，相當有份量感的便當。與加入爌肉湯汁炊煮而成的五目炊飯可謂絕配。

肥後便當

【熊本】

自古以來就為熊本所熟悉的馬肉以及鄉土風的滷料理，除此之外，還均衡地放入芥末蓮藕和醃漬高菜等熊本的名產，將各種料理整合在一份便當裡。

簡約且時髦 受女性青睞的便當盒

就連在百貨公司的外帶區等場所也非常有人氣的風格。恰到好處的份量感，深受想要時髦地享受一餐的年輕女性客群歡迎。便當內附有叉子等餐具。

散壽司便當

〔上層〕鰻魚蛋卷／星鰻鳴門卷／燉煮蓮藕／燉煮胡蘿蔔／燉煮芋頭／美人粉炸魚漿／迷你秋葵／烤山藥／旨煮日本九孔／茄子煮物

〔下層〕散壽司

握壽司便當

〔上層〕握壽司（章魚、烏賊、鯛魚、竹筴魚、蝦子）／醋漬蘘荷／青紫蘇葉

〔下層〕高湯蛋卷／燉煮牛蒡／燉煮小芋頭／梭魚祐庵燒／柔煮章魚／各式麵衣炸帆立貝泥／鹽煮蝦／鹽煮毛豆

現代時尚感為魅力的和風包裝

活用便當擺設形式的功能性包裝。將它闔上即是和風的沉穩色調，除了看戲或出遊之外，當成簡單的小禮物也很受歡迎。

酒餚便當

高湯蛋卷／楓葉形狀的紅甜椒／秋刀魚有馬燒／樹葉形狀的丸十／鮭魚昆布卷／柚子醋醃漬鴻禧菇／白煮星鰻／甘醋醃漬花形蓮藕／四季豆、金針菜、萵筍、松葉插章魚／燉煮牛蒡／香菇利休炸／甘煮茨菰／迷你秋葵／白燒虎鰻／博多燒星鰻配袱紗卵／芝煮竹節蝦／百合根茶巾絞

握壽司便當

鮭魚有馬燒／燉煮飛龍頭、山椒嫩芽／紅酒醃漬樂京／高湯蛋卷／松葉插柚子醋醃漬鴻禧菇／博多燒星鰻配袱紗卵／栗子澀皮煮／梅子醋醃漬白蘆筍／甘醋醃漬花形蓮藕／照燒虎鰻／甘煮茨菰／鮭魚昆布卷／蒟蒻田舍煮／干貝黃身煮／楓葉形狀的紅甜椒／楓葉、樹葉形狀的丸十／小黃瓜海苔卷、鐵火卷、豆皮壽司、鮪魚磯邊卷／甘醋醃漬薑

小巧而簡單的華麗摺紙包裝

蛇腹摺法的紙製容器，那種小巧而摩登的氛圍便是其魅力所在。一打開就有如花朵綻放一般，給人華美的印象。就連見慣的飯類料理都顯得更為高雅。

五目炊飯
新採銀杏
花形蓮藕
螺紋梅花形狀的胡蘿蔔

燴肉飯

燴肉
燉煮小芋頭
螺紋梅花形狀的胡蘿蔔
四季豆

蒲燒鰻魚飯

蒲燒鰻魚
雞蛋絲
雙色甜椒
甜豌豆
毛豆

合鴨里肌飯

合鴨里肌
花形蓮藕
栗子甘露煮
雙色甜椒
絹莢豌豆

炸酥雞飯

酥脆炸雞
雙色甜椒
雞蛋絲
鴨兒芹莖

西式炸豬排三明治便當

可以用手抓起來吃，簡單的午餐餐盒風便當。夾入炸豬排和炸蝦等當作三明治的餡料，做出了份量感。蔬菜則是裝入了切成小朵的綠花椰菜等，做出便於直接食用的風格。

活用了紙製的 doggy bag（外帶容器），做成適合小朋友的外帶便當的範例。上層是炸蝦、炸火腿排、彩色蔬菜，下層的飯則是雞肉飯等，這類的搭配會很受歡迎。

使用有高級感的牛肉做成的炸牛排三明治也非常受歡迎。單純地夾入炸牛排與切碎的高麗菜做成吐司三明治。再添加色彩亮麗的西式醃菜，作為轉換口味的配菜。

便當製作的調理指南

生魚片

湯品

煮物

燒物

高湯蛋卷

炸物

飯類

便當擺設法

各式便當盒

生魚片

跟菜單料理一樣，就算是在便當料理中，生魚片也占據了重要的地位，切好的生魚片的美妙姿態，會讓便當的魅力更為提升。美味生魚片最重要的，是要發揮出魚貝類原有的味道，並採用與各種魚貝類相襯的切法來處理食材。考慮到新鮮度，也不要忘了最後再來製作、擺盤的這份用心。

削切造（鯛魚、比目魚）

適合肉質較緊實的白肉魚的切法，從肉塊的左側開始，斜切入刀，使用整個菜刀的刀刃，往自己的方向拉刀並切斷。切完之後，用左手拿起生魚片疊在左側。至於薄切生魚片則是讓菜刀更加傾斜，以可以看見菜刀透出來的薄度切開。

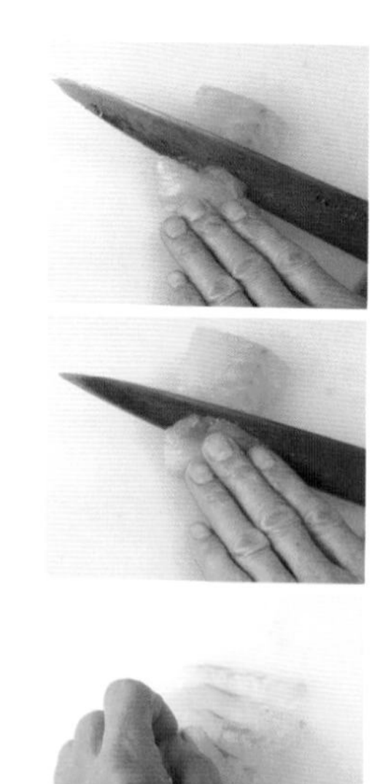

直刀造（鰤魚）

最基本的切法，也是所有魚種都適用的手法。從肉塊的右側開始下刀，從菜刀柄部往刀尖方向移動，使用整個刀刃切下魚片，切完之後，直接用菜刀向右送並疊起來。肉質柔軟的鮪魚等則切得厚一點，白肉魚則切得薄一點。

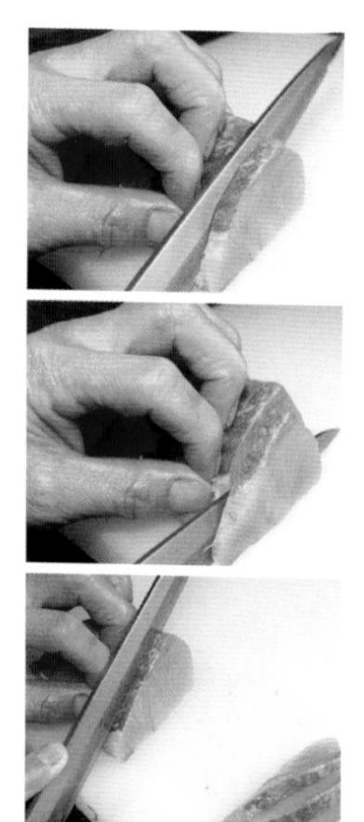

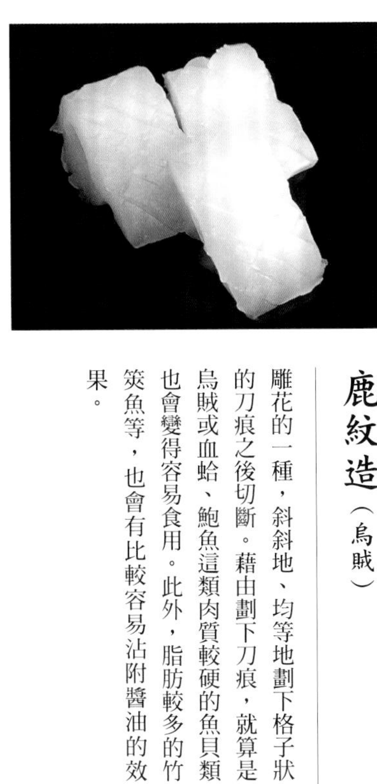

鹿紋造（烏賊）

雕花的一種，斜斜地、均等地劃下格子狀的刀痕之後切斷。藉由劃下刀痕，就算是烏賊或血蛤、鮑魚這類肉質較硬的魚貝類也會變得容易食用。此外，脂肪較多的竹筴魚等，也會有比較容易沾附醬油的效果。

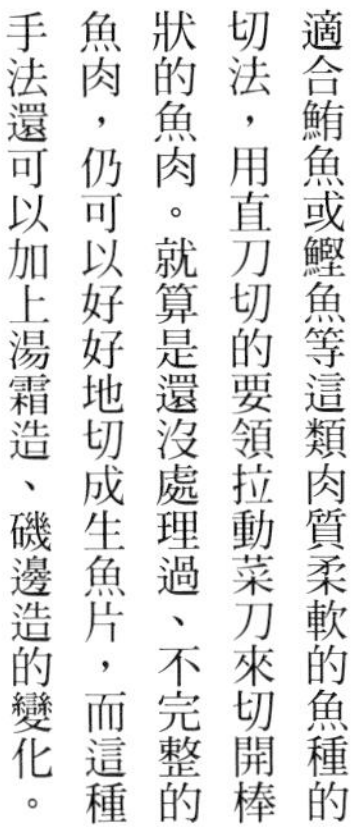

方塊造（鮪魚）

適合鮪魚或鰹魚等這類肉質柔軟的魚種的切法，用直刀切的要領拉動菜刀來切開棒狀的魚肉。就算是還沒處理過、不完整的魚肉，仍可以好好地切成生魚片，而這種手法還可以加上湯霜造、磯邊造的變化。

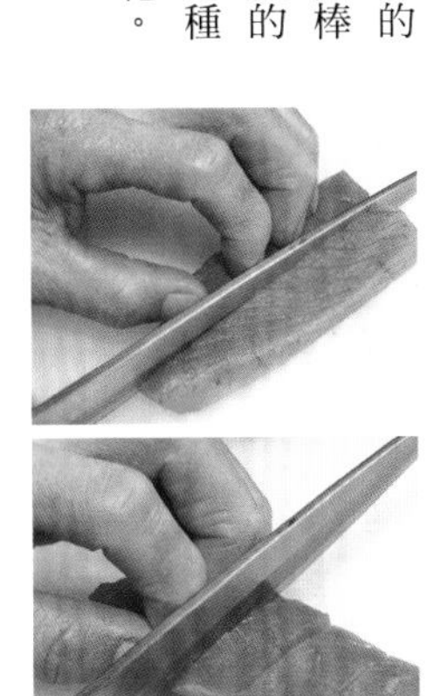

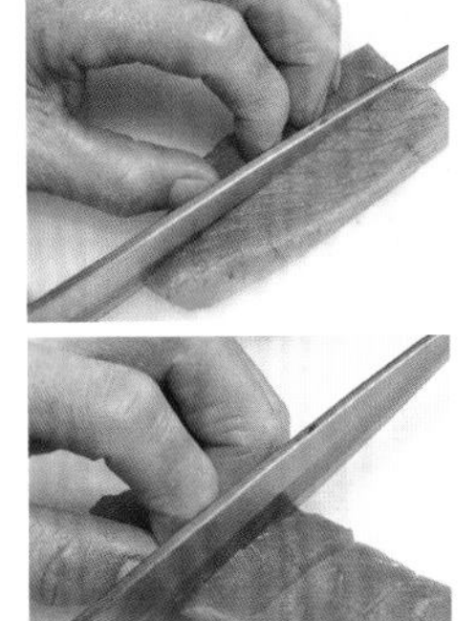

細條造（水針魚）

把較小的魚或肉質較硬的魚貝類做得方便食用的切法。若是水針魚或沙鮻，就是對著處理好的魚肉斜斜地入刀，使用菜刀的尖端，有節奏感的切開。肉質較硬的烏賊，則是垂直纖維切下，食用時就會容易咬斷。

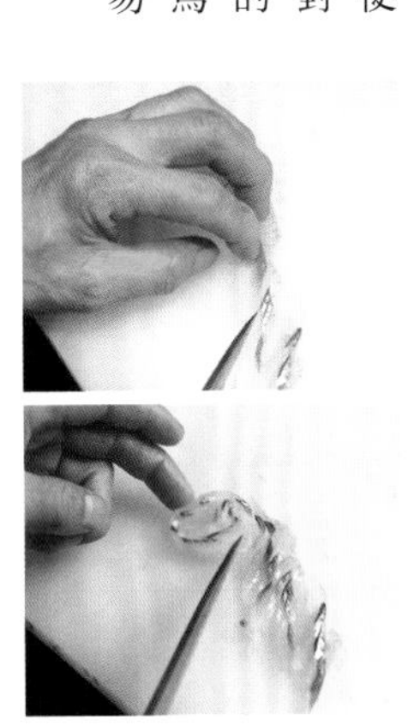

各式生魚片的替代料理

也有一些便當是經過一段時間之後才享用，這種便當的生魚片料理，記得要用昆布醃漬、醋醃漬這類能延長保存時間的作法，會非常方便。將上述做好事前處理的魚貝類，用桂剝切[※4]蘿蔔或龍皮昆布、海苔等捲起來做成卷，不僅外觀很有趣，也易於擺盤。這裡就來介紹其中的幾種。

※4：將食材從側邊薄薄地削成長長的一整片。

鮭魚與菊花的砧卷

鮭魚醋漬，菊花浸泡甘醋。用醋的味道讓口腔變得清爽，可以用於變換口味的作法。

鮭魚鳴門卷

用薄鹽水浸漬桂剝切的蘿蔔將它變軟。將削切的醋漬鮭魚均勻地排列好，一圈一圈地捲成漩渦狀。

鯛魚與鮭魚的砧卷

將鯛魚與鮭魚醋漬之後排出格子狀做成砧卷。若是淋上色調鮮豔的黃身醋，就能做出華麗的趣味。

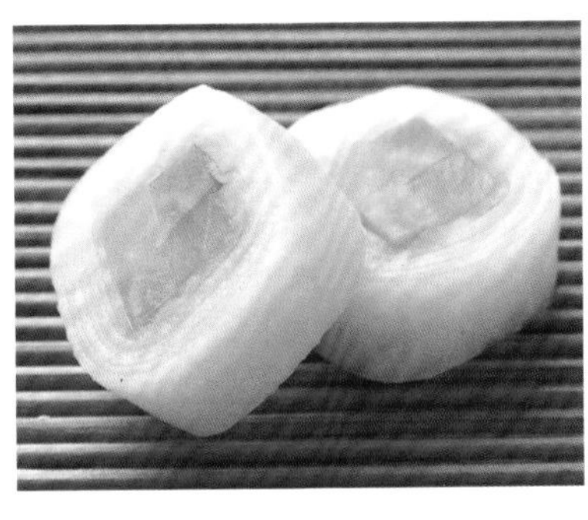

胡蘿蔔與蘿蔔的砧卷

中心放有蔬菜的砧卷，作為變換口味用。在桂剝切的蘿蔔上疊上紅蕪菁的千枚漬[※5]，將蘿蔔與金時胡蘿蔔捲起來，做出漂亮的色彩。

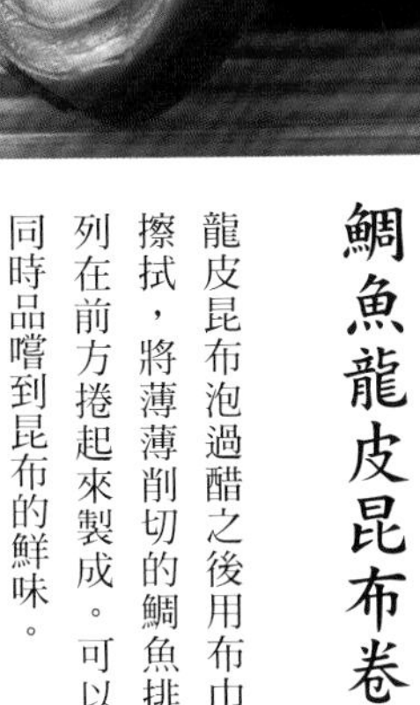

鯛魚龍皮昆布卷

龍皮昆布泡過醋之後用布巾擦拭，將薄薄削切的鯛魚排列在前方捲起來製成。可以同時品嚐到昆布的鮮味。

幼黑鮪魚與烏賊的磯邊卷

將切成細棒狀的幼黑鮪魚與烏賊組合成格子狀，做成磯邊卷。也可以做小一點，就能毫不浪費地連邊緣的魚肉也善加利用。

螃蟹與帆立貝的磯邊卷

將蟹腳與帆立貝的干貝分別用酒鹽[※6]炒過之後，用海苔捲起來。將白板昆布擺在海苔上，會讓味道變得更加豐富。

螃蟹與菊花的磯邊卷

蟹腳用酒鹽煎過。將薄煎蛋擺在海苔上，中間放上蟹腳、菊花以及甘醋醃漬的細薑絲，風味極佳。

※5：千枚漬是將蕪菁薄切之後，配上昆布、辣椒、醋醃漬而成。一說是將蕪菁薄切到一千片之多，而如此命名。

※6：指加入鹽的酒，或是單指調理時用來當調味料的酒。

砧卷的作法

砧卷是種用桂剝切的蘿蔔把魚貝類捲起來製成的料理。桂剝切的寬度基準約為15公分，浸泡薄鹽水將它泡軟。在上面排放魚貝類，但若在擺放魚貝時先預留捲一次的寬度，會比較容易捲起來。

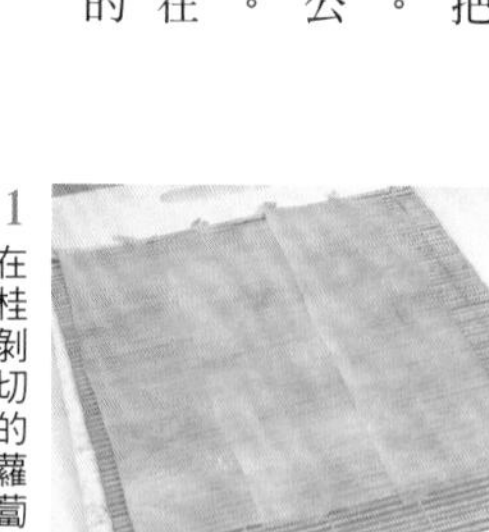

1 在桂剝切的蘿蔔上留下捲一次的寬度，擺放切成棒狀的魚貝類。

2 像是要把魚貝類包覆起來一般，覆蓋上剩下的桂剝切蘿蔔，就可以緊緊地捲起來。

龍皮昆布卷的作法

龍皮昆布是把較寬的昆布浸泡甘醋調味，乾燥後製成的食材。用這種昆布來捲魚貝類，就可以將昆布的滋味與鮮味移到魚貝上，會非常的美味。捲起來之後的重點，是用保鮮膜包起來後暫時靜置一會，好讓昆布和魚貝類入味。

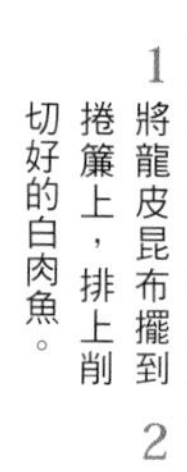

1 將龍皮昆布擺到捲簾上，排上削切好的白肉魚。

2 連同捲簾一起緊緊地捲起來，做出形狀使其入味。

醋漬、昆布漬的作法

魚貝類醋漬過或是用昆布漬之後，不僅比較保久，還會呈現出不同於生吃的美味。此處以削切鮭魚為例，介紹醋漬之後再用昆布漬起來的作法。

1 從約30cm的高度在削切鮭魚的兩面撒上鹽，放置約20分鐘。

2 撒完鹽的鮭魚用醋粗略地洗過之後擦乾。

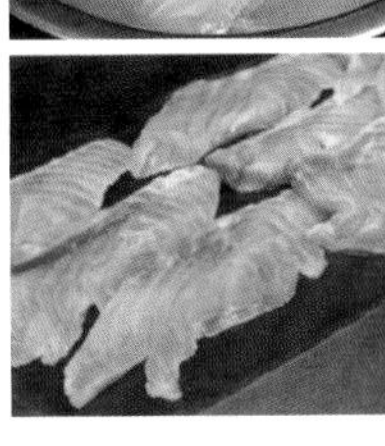

3 將醋漬之後的鮭魚用昆布夾起來，放置約40分鐘。

在鮭魚肉上塗上白肉魚的魚漿，再醋漬而成的「鮭魚小川生魚片」，可以用來當作正月的年節料理。

生魚片醬油

帶有昆布與柴魚片的鮮味的土佐醬油，不管是搭配比較肥美的魚貝還是清淡的魚貝都非常合適，是很方便的沾醬油。還有像是帶有梅乾酸味的梅醬油等，變化會隨著所下的功夫而豐富。

土佐醬油

將材料裡的調味料與昆布搭配後加熱，沸騰之後取出昆布，關火並加入柴魚片，冷卻之後過濾。

〈材料／比例〉

- 濃味醬油……8
- 溜醬油……1
- 酒……2
- 味醂……1
- 昆布……適量
- 柴魚片……適量

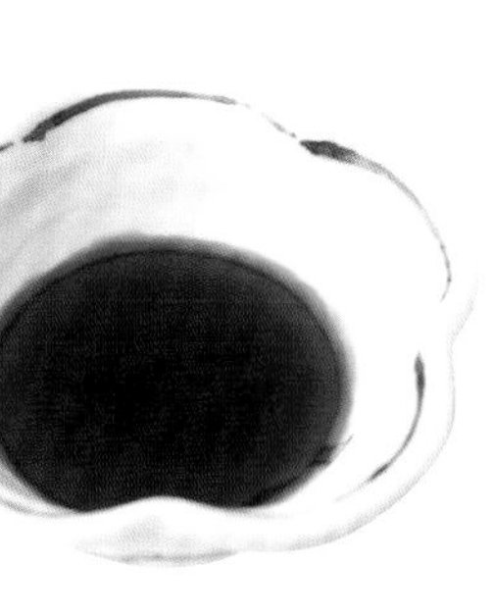

梅子醬油

梅乾去籽後泡水一個晚上，過篩後加酒熬煮。變成乳霜狀之後從火上移開，冷卻後再加入土佐醬油化開。

〈材料／比例〉

- 梅乾……適量
- 酒……適量
- 土佐醬油……適量

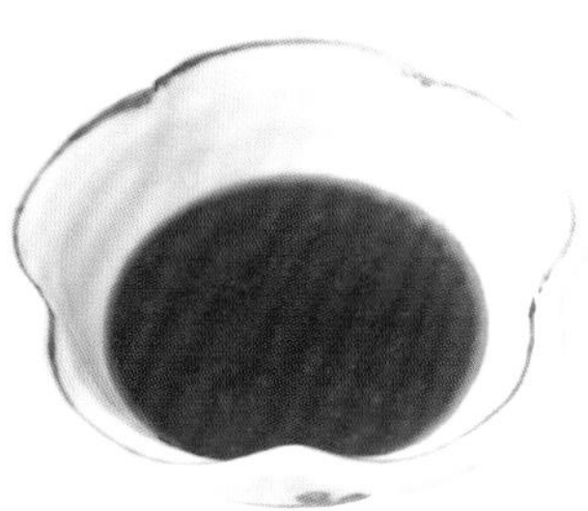

湯品

在便當料理中，唯一能溫溫熱熱端出來的湯品，是道特別重視季節感的料理。以真薯和魚貝類等食材為主的主湯料，和綠色蔬菜和山菜等搭配的配料，以及稱為吸口的香料，都是使用了當季的產物並均衡地搭配在一起，再活用能完全發揮高湯風味的湯底，將所有的食材統整在一碗湯裡。

清湯作法

以清澈、高雅的一次高湯為基底，再用調味的湯底製成的湯品。基本的調配方式是高湯3杯比淡味醬油2小匙、酒1小匙、鹽少量，但會依據季節和主湯料的不同，去調整酒和鹽的量。倒入碗裡的湯底的量，也同樣必須做調整。

山菜真薯清湯

真薯是用白肉魚魚漿加上日本山藥、蛋白和無筋麵粉，做得鬆鬆軟軟後蒸製而成。這裡是把山菜當成餡料，為口感增添一點變化。

鯛魚真薯清湯

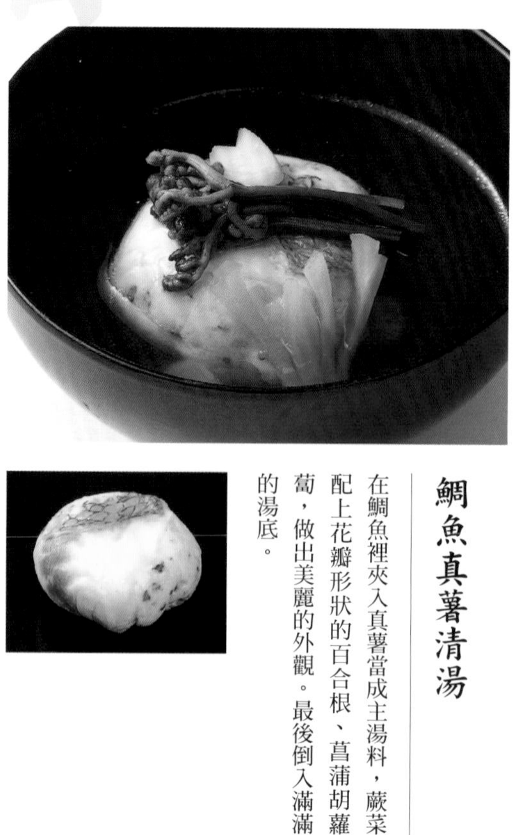

在鯛魚裡夾入真薯當成主湯料，蕨菜配上花瓣形狀的百合根、菖蒲胡蘿蔔，做出美麗的外觀。最後倒入滿滿的湯底。

竹筍鳴門真薯清湯

將竹筍與蜂斗菜、土當歸這些稍具苦味的春天風味組合起來，增添季節的風情。鳴門真薯是在中心部位放入蜂斗菜，用竹筍捲起來製成。

三色素麵與竹節蝦清湯

將素麵作為主湯料的爽口清湯。滑潤地入喉的感覺，非常適合炎熱的季節。用竹節蝦、山藥和秋葵來變換口味。

烤香魚清湯

將一整尾烤得香酥可口的當季香魚做成主湯料，富有野趣的清湯。再用炊煮得非常美味的茄子與牛蒡作為配料，配上綠色蔬菜。

虎鰻與松茸清湯

可以享受盛產期的虎鰻與早收松茸相遇的滋味，是這個季節特有的湯品。添加搭配性良好的蓴菜，再用醋橘做出清爽口感。

一次高湯的熬法

在湯品中，充分引出昆布和柴魚的鮮味以及風味的一次高湯是美味的關鍵。先仔細斟酌材料，並重視溫度與材料撈出來的時機，為了不讓高湯變混濁，不管是昆布還是柴魚都絕對不要煮至沸騰。份量基本上是1ℓ的水比20g的昆布、30g的柴魚。

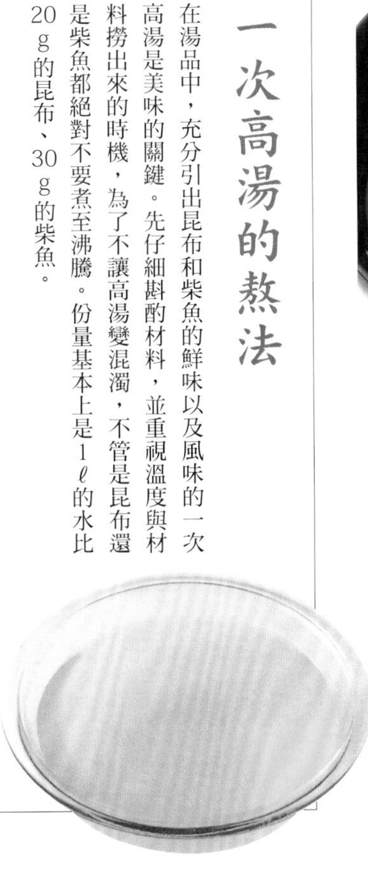

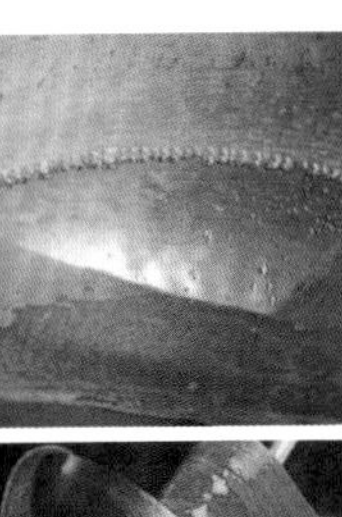

1 昆布預先泡水。當昆布的表面出現泡沫後，迅速撈起來。

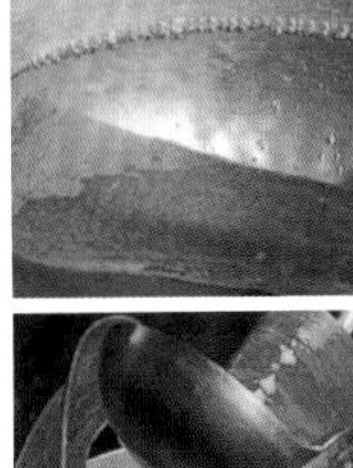

2 關火之後馬上加入柴魚片。靜候直到柴魚片沉下去為止。

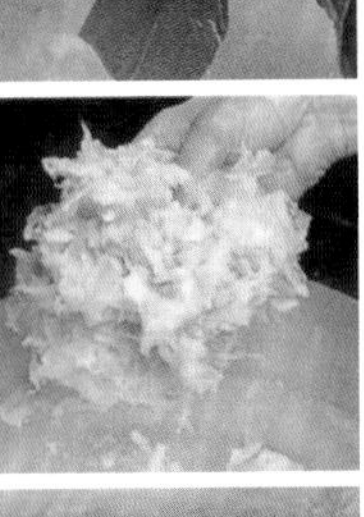

3 細心地撈除烹煮期間產生的浮沫。

4 倒入法蘭絨濾布靜靜地將它過濾。如果擠壓柴魚會擠出澀味來，所以不要擠壓。

鮮蝦真薯清湯

把白肉魚的魚漿做成鬆鬆軟軟的真薯，再加入蝦子做出淡淡的櫻花色點綴。帶有暖意，適合寒冷季節的湯品。

豆腐皮真薯清湯

用豆腐皮包住真薯，蒸好之後當成主湯料。再裝入竹節蝦、綠色蔬菜和金針菜以增添繽紛的色彩，撒上以竹籤穿刺過的蘘荷絲。

帆立貝干貝真薯清湯

把冬天時甜度增加的帆立貝當成主湯料。燒霜之後就會更加提引出其甘甜。配上當季的蓮藕與有苦味的玉簪嫩芽，用日本柚的香味作為香料。

蛤蠣竹筍清湯

早收的竹筍配上蛤蠣、油菜花，將新春的色彩統整在一碗湯裡。適合用在喜慶場合的作法。可以充分品嚐到蛤蠣高湯的滋味。

味噌作法

味噌作法的湯品，和白飯非常地搭，讓人有股溫暖的感覺。與一般家庭內的味噌湯不同，添加了胡麻豆腐和東寺卷[※7]之類的變化，並把這類素料當成主湯料，以提高湯品的格調。若是採用混合了2～3種味噌的袱紗作法，味道將會擴展得更為豐富。

※7：用豆腐皮將白肉魚、蝦子或蔬菜等食材捲起來，用油炸或是高湯煮過等調理之後製成。

袱紗作法

混合了紅味噌與白味噌的袱紗作法，讓味道變得非常豐富。把百合根與銀杏當成餡料的豆腐皮茶巾絞，加上南瓜與菠菜增添色彩。

白味噌作法

帶有甜味的白味噌相當濃郁，最適合作為冬天的湯品。以胡麻豆腐為主，添加烤得香酥可口的杏鮑菇與鴨兒芹，再用溶入水裡的芥末當香料。

紅味噌作法

偏辣的紅味噌相當爽口，非常適合炎熱的夏天。在胡蘿蔔與豆腐的東寺卷中，用鴻禧菇、水菜、山椒粉增添刺激的辣味。

煮物

便當的煮物大多是什錦拼盤，活用了魚貝類和蔬菜各自的原味，將它們炊煮之後搭配而成。若是把細心熬出的一次高湯調味後製成「八方高湯」，作為各種煮物湯汁的調味基礎的話，就會非常方便。不過，煮物的味道有著地區性的差異和個人喜好的不同，所以請依照材料和用途來調整高湯和調味料的比例。

各式煮物

什錦拼盤是把分別炊煮好的煮物搭配在一起的料理。各種煮物都依材料不同做了適當的預先處理，湯汁和煮法也是挑選最適合的手法，接著把可以襯托彼此味道的煮物搭配起來，費了這麼多工夫後才製成的。在搭配上也適當地加入了當季食材，並考量味道濃淡和口感變化、色彩與香味的平衡等因素後才組合起來。這裡就來介紹用於搭配的主要煮物。

蔬菜煮物

田舍煮與什錦拼盤不同，味道做得比較濃一些。湯汁的調配是採用高湯1、味醂1、淡味醬油0.4、濃味醬油0.4的比例。除了茄子和牛蒡之外，用油豆腐或蒟蒻搭配蔬菜烹煮也非常美味。

基本的八方高湯

濃味八方高湯

活用了濃味醬油的風味與香氣的八方高湯。可以廣泛地運用在顏色越濃看起來越美味的蔬菜田舍煮，或是醬油煮魚、沾麵醬、炊飯等料理上。

〈材料／比例〉
高湯……………8～12
濃味醬油……………1
味醂……………0.8
酒……………0.2

淡味八方高湯

用淡味醬油製作的八方高湯。可以用在各種料理上，像是想要活用素材顏色的煮物，或是燙青菜、銀芡、淋麵醬等等，非常方便。

〈材料／比例〉
高湯……………8～12
淡味醬油……………1
味醂……………0.8
酒……………0.2

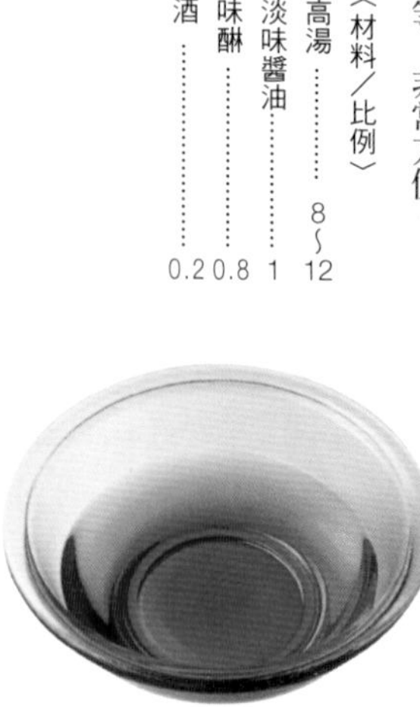

竹筍土佐煮

竹筍加入米糠和紅辣椒煮過，就這樣放在熱水裡直接放涼，去除澀味和苦味後，再用滿滿的湯汁燉煮。土佐煮是把燉煮好的竹筍再加上柴魚粉製成的。牛蒡也是同樣的作法。

茄子翡翠煮

由夏至秋的什錦拼盤裡不可或缺的煮物。為了做出漂亮的翡翠色，茄子不裹粉直接炸過之後剝皮，用八方高湯快速炊煮過，待冷卻之後，再浸泡八方高湯使其入味。

酒八方高湯

加入比較多酒的八方高湯，特別常用在要製作味道爽口的魚貝類煮物時。芝煮竹節蝦等就是用這種八方高湯炊煮而成。

〈材料／比例〉

高湯	4
酒	4
味醂	1
淡味醬油	少量
鹽	少量

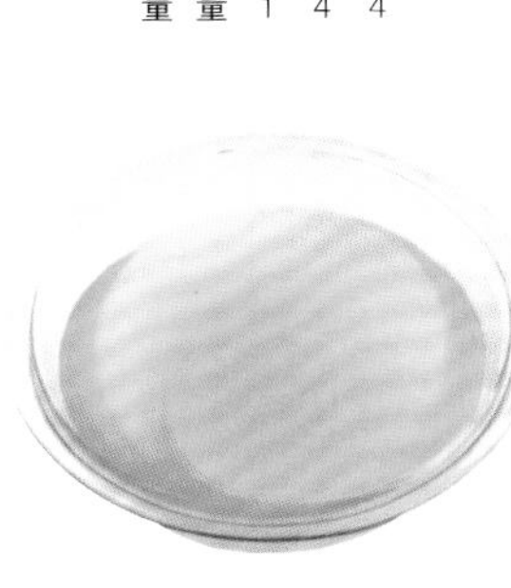

白八方高湯

以鹽、味醂和酒來調味的高湯，用於不讓食材染色的白煮蔬菜和預先水煮等情況。小芋頭、蓮藕和土當歸這類剛上市的蔬菜，就做成白煮風。

〈材料／比例〉

高湯	8
味醂	0.8
酒	0.2
鹽	0.2小匙

柔煮章魚

在什錦拼盤或前菜料理等料理中，炊煮得柔軟的章魚非常好用。細心地去除黏液，再用混合濃味醬油與溜醬油的稍濃湯汁仔細蒸煮。

〈湯汁／比例〉

高湯	8
酒	2
砂糖	1
濃味醬油	0.8
溜醬油	0.2
味醂	0.2

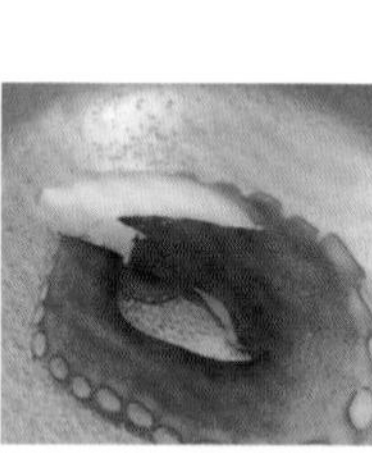

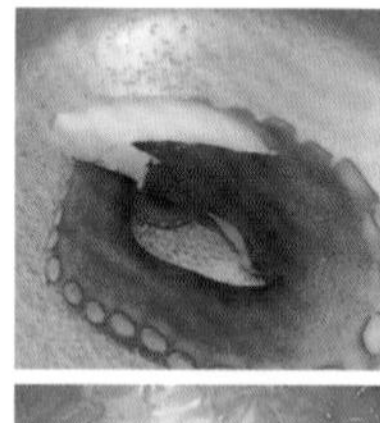

1 把章魚腳一根根切開，快速過熱水。

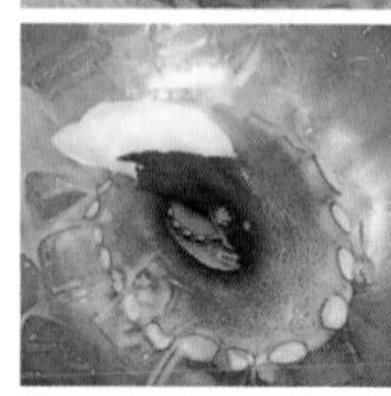

2 泡冷水或沖水，洗去髒汙和黏液。

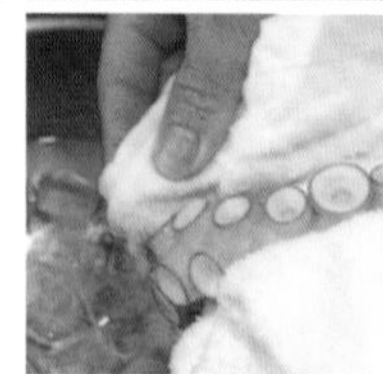

3 用濕布擦去剩下的黏液。

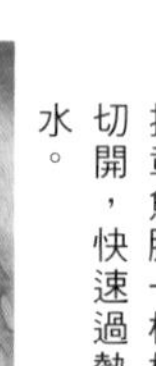

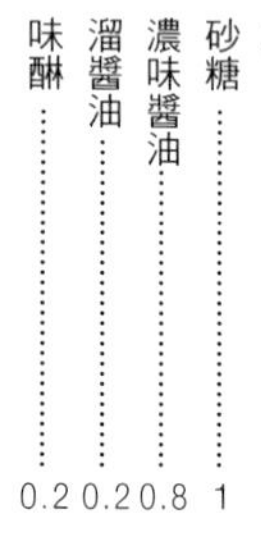

4 把湯汁的材料煮滾之後，放入章魚腳烹煮。

5 蓋上落蓋，用小火蒸煮約1小時。

合鴨里肌

在小菜便當和以年輕人為客群的便當裡，合鴨里肌這類的肉料理非常好用。湯汁裡加入了紅酒、伍斯特醬和番茄醬，煮出極佳的風味。

〈湯汁／比例〉

高湯	8
紅酒	2
濃味醬油	0.3
伍斯特醬	0.3
番茄醬	0.4
砂糖	0.4

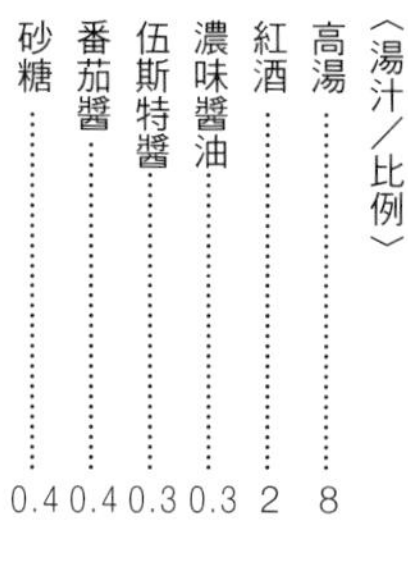

1 將幾支鐵串固定在一塊，在合鴨的帶皮側上戳洞。

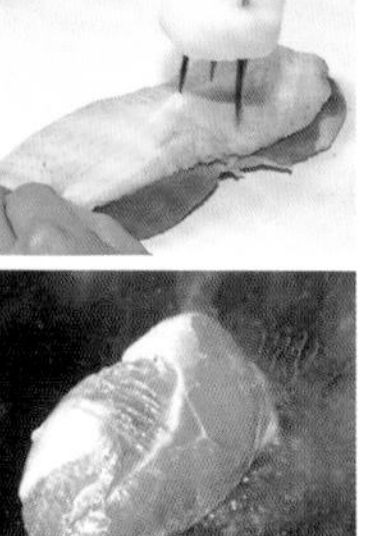

2 用平底鍋從帶皮側開始煎，去除多餘的油脂。

3 馬上用冰水冷卻，防止鴨肉繼續加熱。

4 加入湯汁裡的高湯與調味料，用小火烹煮。

5 煮到中心剩下淡淡的紅色後，取出。

飛龍頭的作法

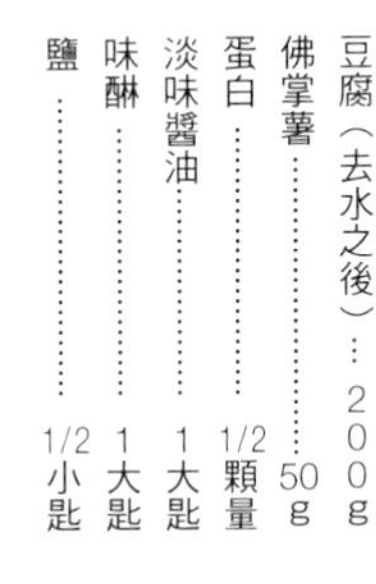

可以品嚐到豆腐的柔和滋味的飛龍頭，重點在於調理得外側酥脆、內側柔軟。如果去掉太多豆腐的水分，炸完之後就會變得空空洞洞，所以只要稍微去除水分即可。

〈湯汁／比例〉

豆腐（去水之後）……200g
佛掌薯……50g
蛋白……1/2顆量
淡味醬油……1大匙
味醂……1大匙
鹽……1/2小匙

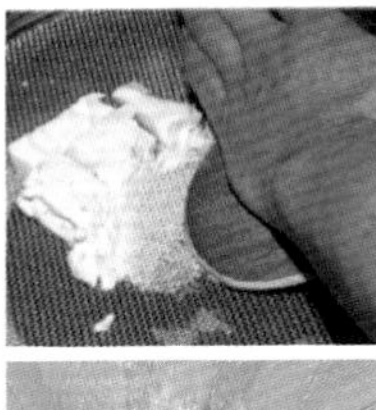

1 豆腐用重石壓過，稍微去除水分後篩過。

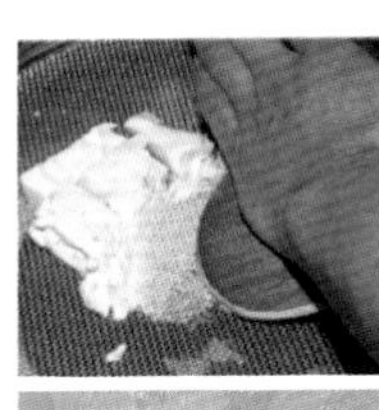

2 將豆腐、佛掌薯以及其他材料放入研缽裡研磨。

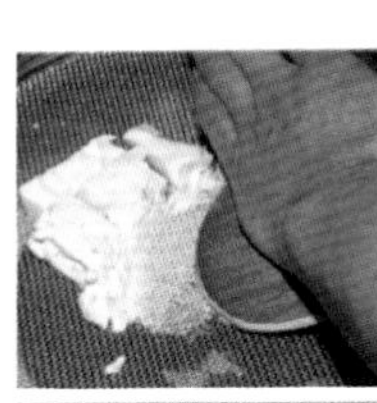

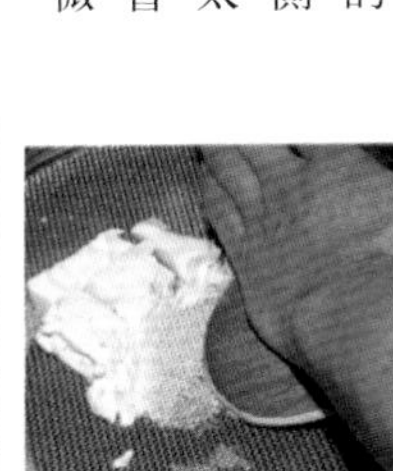

3 用冰淇淋勺挖成球形，放入油裡。

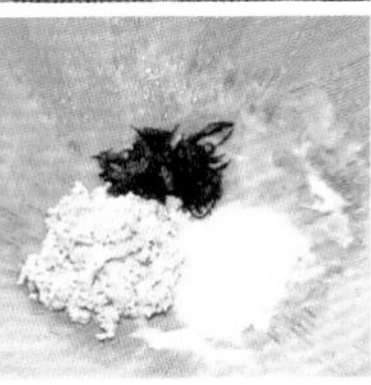

4 炸得恰到好處、變成金黃色後，去除油分。

芝煮竹節蝦

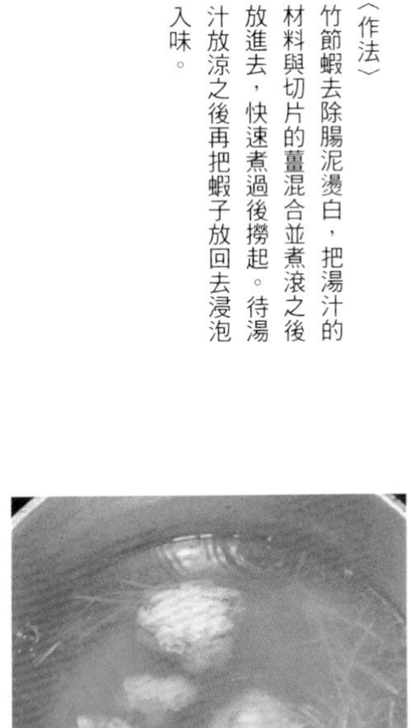

對便當的色彩來說，蝦子的紅色是不可或缺的，在什錦拼盤裡也經常會用到。使用大量的酒並加入生薑，以爽口湯汁快速煮過做成芝煮蝦。

〈湯汁／比例〉

高湯……4
酒……2
淡味醬油……0.6
濃味醬油……0.2
味醂……少量

〈作法〉

竹節蝦去除腸泥燙白，把湯汁的材料與切片的薑混合並煮滾之後放進去，快速煮過後撈起。待湯汁放涼之後再把蝦子放回去浸泡入味。

燉煮鱈魚子

用稍甜的湯汁，把鱈魚和鯛魚的卵巢炊煮得熱熱軟軟。除了像開花一樣展開的炊煮方法之外，便當用的菜色還有以原有的模樣快速燙白之後，不讓魚卵散開來的炊煮方法。

〈湯汁／比例〉

高湯……10
酒……2
砂糖……1
味醂……0.8
淡味醬油……0.8
鹽……少量

〈作法〉

鱈魚子泡水之後去除血塊，在薄皮上劃下刀痕後燙白，讓它像開花一樣展開。用流水沖過之後擦去水分，在湯汁的調味料煮滾時放進去，加入細薑絲，用中小火燉煮。

燒物

從簡單的鹽燒到浸泡醃漬醬汁的燒物，或是一邊烤一邊淋上燒烤醬料的淋醬燒等等，有各種不同的種類。製作美味燒物的訣竅，就是配合材料的鮮度和性質，挑選燒烤醬料和燒烤的方式，並且注意火候，將食材烤得香酥夠味。

各種烤魚技巧

烤魚的方式有將料理預先處理時會用到的素燒、撒鹽後燒烤的鹽燒等各種各樣的作法。越是新鮮的材料就越不需要多餘手續，只要簡單鹽燒等，品味魚貝的鮮美即可。若是鮮度稍微差一點，就加上浸泡醃漬醬汁或是淋上醬料的手續。根據插串方式的不同，可能會出現烤得不均勻而減損美味的情況，所以，需配合肉的厚度和大小來選擇插串方式，這點非常重要。

祐庵燒

把魚肉浸漬在混合了同比例的醬油、味醂和酒製成的醃漬醬汁，再烤過的手法。加入切成圓片的日本柚來提升風味，或是增添一些味噌，製成稍微濃厚的味道也可以。

淋醬燒

一邊烤一邊淋上燒烤醬料的手法，有爽口的若狹燒、濃郁的照燒等手法。因為容易烤焦，所以魚要先直接烤過之後，再淋上醬料烤過。

味噌醃漬

就像西京醃漬那樣，把魚貝類或牛肉醃漬在調味過的味噌或酒粕裡，讓風味轉移到食材上再烤過的燒物。基本的味噌醃床是用白味噌10比味醂1、酒1混合攪拌而成。

蠟燒※8

塗上蛋黃再烤過的手法，鮮豔的色調為其特色。將魚貝撒上鹽或是浸泡醃漬醬汁預先調味後烤過，蛋黃則是加入味醂和鹽化開之後塗上，烤至蛋黃乾掉為止。

※8：又稱為黃身燒、黃金燒。

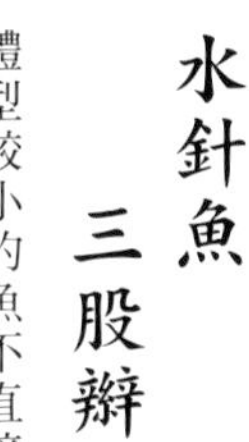

水針魚三股辮

體型較小的魚不直接烤過，而是添加一點巧思，就可以做出漂亮的外觀。將水針魚細切之後編成三股辮，用酒鹽烤過。

蠟燒鯛魚

將較大塊的削切鯛魚捲繞起來，撒上薄鹽並烤過之後，塗上用味醂和鹽調味過的蛋黃燒烤而成。最後擺上山椒嫩芽裝飾。

雀燒小鯛魚

將切下一片的小鯛魚捲起來，形狀相當有趣的雀燒。浸泡若狹地醬汁（高湯9、酒3、味醂1、淡味醬油0.5）之後燒烤製成。

燒物的配料

浸泡過甘醋的蔬菜非常適合當配料。甘醋是以醋1、高湯1、砂糖0.4、味醂0.1、鹽少量的比例混合，煮至沸騰後再滾30秒即完成。

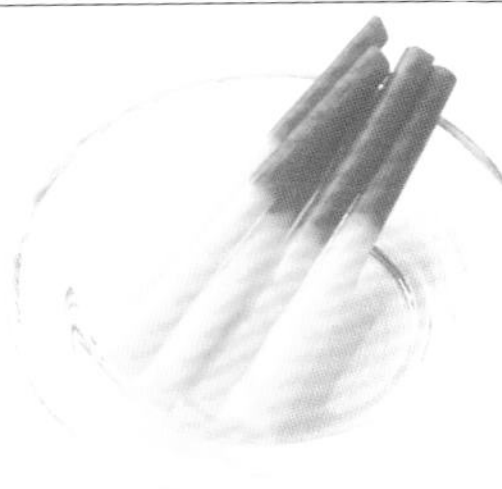

甘醋醃漬紅白薑芽

將栽培成矢生薑的薑芽淋上熱水後撒鹽靜置一會。用流水洗過之後，浸泡甘醋。

甘醋醃漬花形蓮藕

將蓮藕做成花形蓮藕之後薄切，浸泡醋水後，快速過熱水並冷卻，再浸泡甘醋。

甘醋醃漬白蘆筍

將快速煮過的白蘆筍放涼，浸泡在加入了梅子醋的甘醋裡，染成粉紅色。

高湯蛋卷

煎得鬆軟、口感很棒的高湯蛋卷，是廣受各年齡層喜愛的經典菜色，黃色的色調也成了便當料理的點綴。根據捲繞方式、切開的方式和搭配的內餡不同，可以加入各種各樣的變化。

基本的高湯蛋卷

高湯蛋卷的重點，是從開始到最後都要用大火煎，並且俐落地捲起來。如此一來，就會在保有高湯的狀態下捲起來，做出鬆軟又漂亮的黃色。

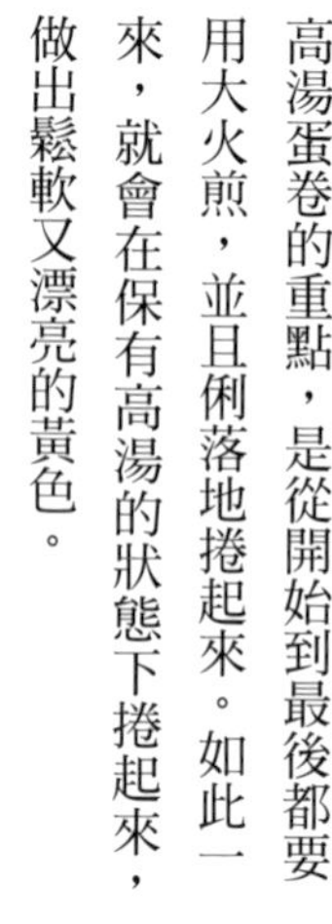

〈材料／比例〉

雞蛋	3顆
高湯	雞蛋1/3的量
淡味醬油	少量
鹽	少量
味醂	少量

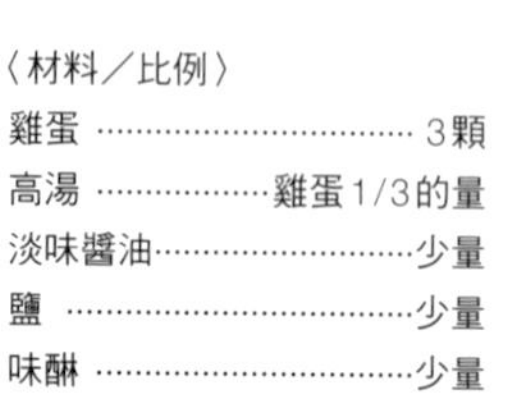

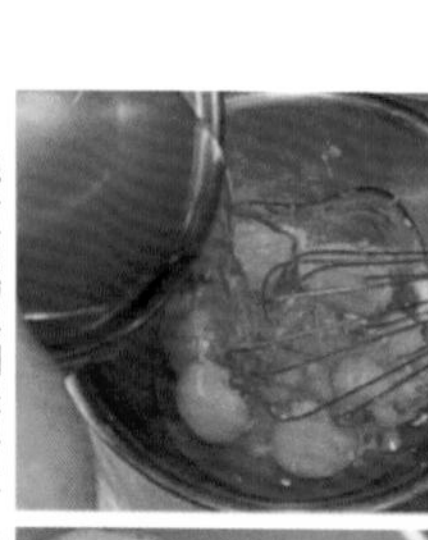

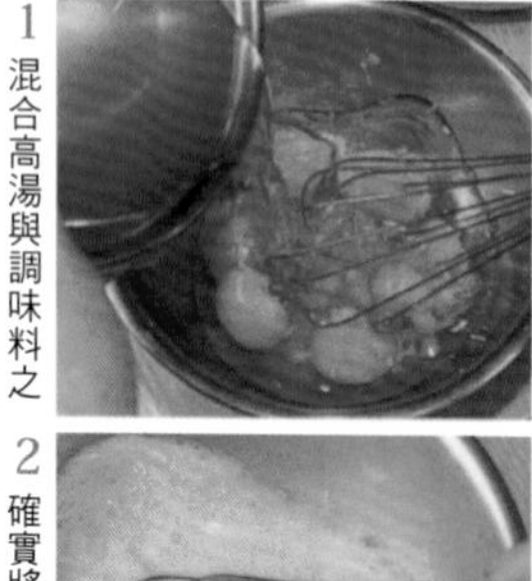

1 混合高湯與調味料之後加入雞蛋裡。

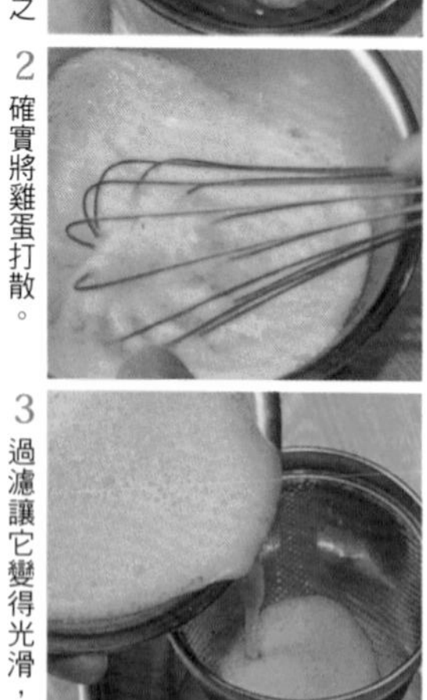

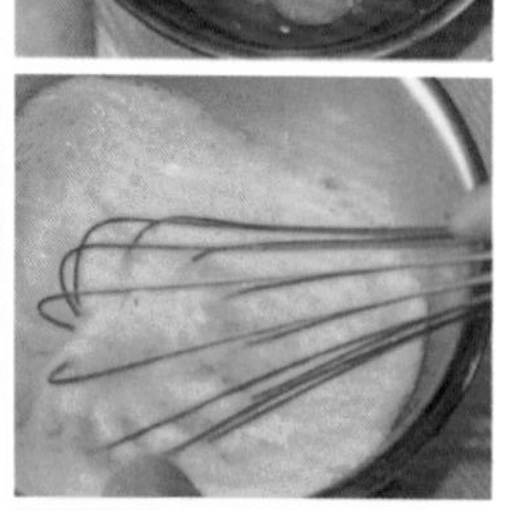

2 確實將雞蛋打散。

3 過濾讓它變得光滑，同時去除繫帶和混入蛋汁裡的蛋殼。

4 開大火將鍋子確實預熱，抹上一層薄薄的油。

5 倒入蛋液。一次的量大概在150～200cc。

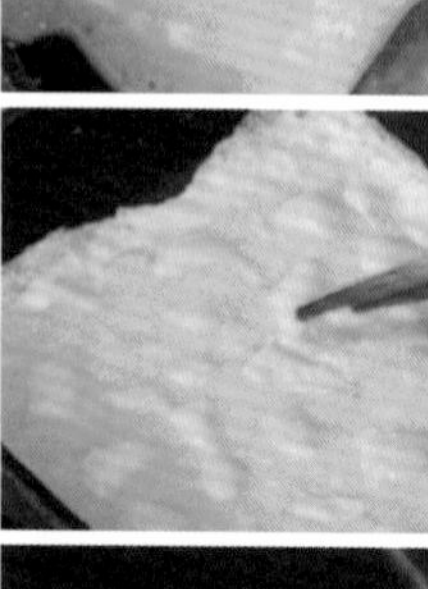

6 用長筷子俐落地戳破泡沫，讓底部的蛋液均勻受熱。

7 從對面往自己的方向一圈圈地捲起來。

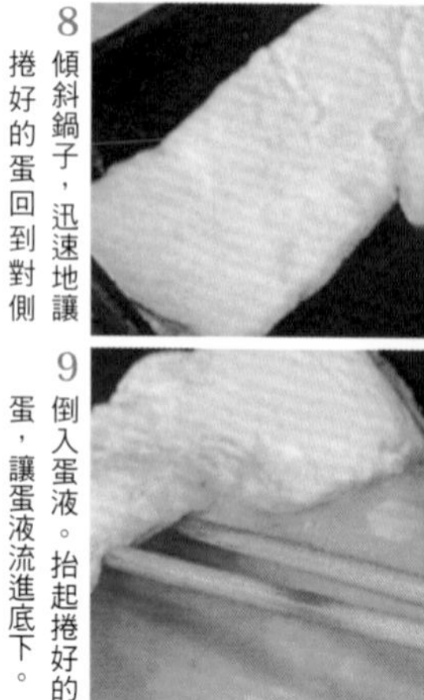

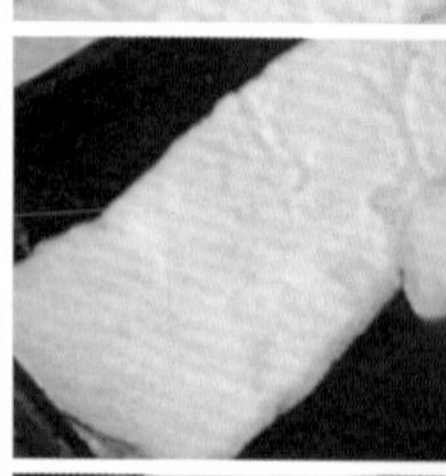

8 傾斜鍋子，迅速地讓捲好的蛋回到對側後，再次用油潤鍋。

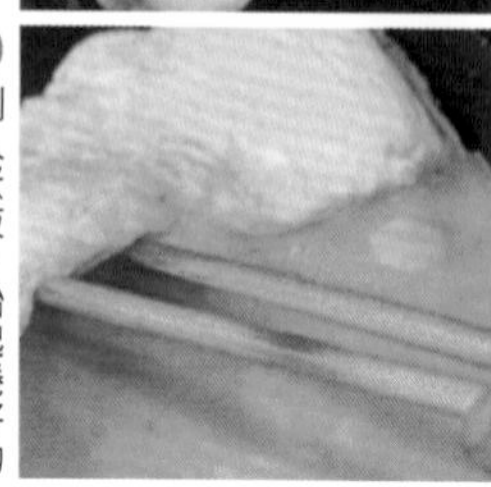

9 倒入蛋液。抬起捲好的蛋，讓蛋液流進底下。

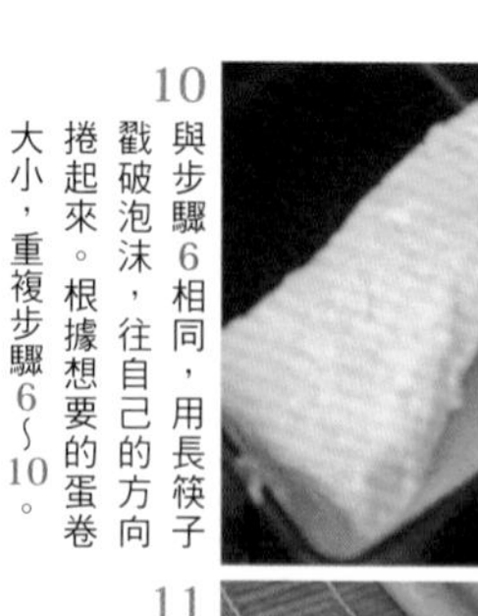

10 與步驟6相同，用長筷子戳破泡沫，往自己的方向捲起來。根據想要的蛋卷大小，重複步驟6～10。

11 在鍋子上張開捲簾，翻轉鍋子。

12 用捲簾做出捲起來的形狀。

13 如果不迅速煎好的話蛋液會乾掉，變成照片中帶有空洞的狀態。

袱紗燒

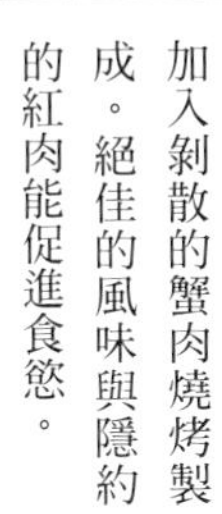

加入剝散的蟹肉燒烤製成。絕佳的風味與隱約的紅肉能促進食慾。

星鰻卷

將醬燒星鰻擺在中心捲起來製成。在基本高湯蛋卷的步驟6中，把星鰻放在底部捲起來。

細卷

將薄煎雞蛋重疊好幾片之後捲繞而成。斜切之後的斷面非常美麗，能作為便當的重點裝飾。

磯邊卷

用海苔把煎好的高湯蛋卷捲出形狀。不僅添加了海苔的風味，也萌生出色調上的趣味。

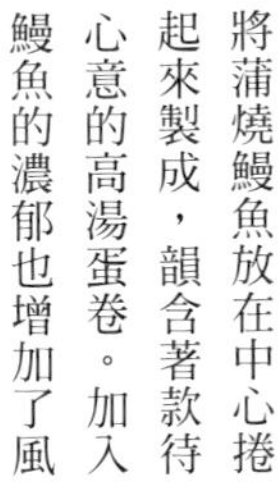

鰻魚卷

將蒲燒鰻魚放在中心捲起來製成，韻含著款待心意的高湯蛋卷。加入鰻魚的濃郁也增加了風味。

葫蘆形

做成像葫蘆的形狀，不只可以當裝飾，還可以表現出形狀的趣味。

做成葫蘆形狀時，要趁熱用筷子或是橡皮筋等工具做成照片上的模樣。市面上也有販售葫蘆形狀的模具。

炸物

將食材裹上天婦羅麵衣、黃身衣或白扇衣等麵衣後油炸的炸物，剛炸好的美味非常受歡迎。但隨著時間經過，麵衣會變得軟爛而使美味度降低，所以，若是要放置一段時間的情況下，可將食材沾上薄薄的麵粉並浸泡蛋白，或是撒上不同的麵衣油炸等等，依照用途來挑選不同的作法。

天婦羅

天婦羅的魅力就在於麵衣酥脆內側鬆軟的口感。為此要先大致攪拌過，控制在麵衣不會跑出黏液而留有一點結塊的程度，再用高溫快速炸過。

山菜天婦羅拼盤

玉簪嫩葉、草蘇鐵嫩芽、楤木嫩芽、魁蒿、柿子葉等，將滿是春天氣息的天婦羅搭配在一塊。可以充分品味到山菜的苦味。

天婦羅麵衣

〈材料／比例〉

低筋麵粉……1杯

冷水……1杯

蛋黃……2顆量

〈作法〉

蛋黃混入冷水裡攪拌打散，和篩過的麵粉切拌混合。要把麵衣做得薄一點時，增加水的量到1.2杯，炸什錦則是把水調整得少一點。

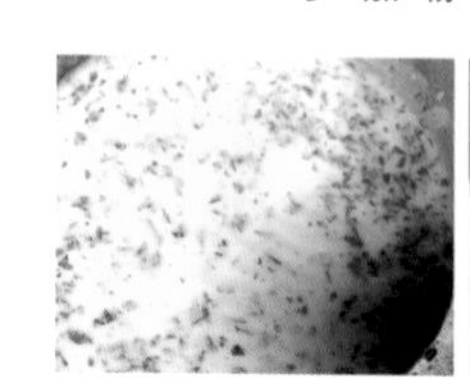

天婦羅沾醬

〈材料／比例〉

高湯……6~10

味醂……1

醬油……1

〈作法〉

將高湯、味醂和醬油混合之後加熱，煮至沸騰後滾30秒再關火。可依喜好調整高湯的比例。醬油也可以用同比例的濃味與淡味醬油來調配。

素鹽

將天然的鹽在鍋裡乾炒，就會變得相當清爽且容易附著在食物上。以這種鹽為基底，加入抹茶或是紅紫蘇粉，就會變成香氣很棒的鹽。可以直接撒在食物上或是另外隨附。

各式麵衣油炸

撒滿素麵、芝麻或霰餅等油炸的各式麵衣炸物，由於麵衣沒什麼水分，就算經過一段時間也不會軟爛，最適合用在便當裡。還有細海苔絲、青紫蘇葉、新挽粉※9、美人粉或杏仁等等，隨著在麵衣上花的心思，可以擴展出更多的變化。

※9：新挽粉是將蒸過的糯米乾燥後弄碎；美人粉又稱味甚粉、微塵粉，是把蒸過的糯米做成煎餅後再磨成粉狀。

各式麵衣炸蝦

以三色素麵、白或黑芝麻、茶泡飯用霰餅作為麵衣，享受色彩與口感上的變化。為使顏色漂亮，先沾上蛋白後再裹上麵衣會更好。

〈材料／比例〉

麵粉……………………適量

蛋白……………………適量

各式麵衣（三色素麵、白芝麻、茶泡飯用霰餅、黑芝麻）…………適量

〈作法〉

竹節蝦剝殼保留一節尾巴，在腹部劃數道刀痕後拉直。沾上麵粉並浸泡蛋白之後，撒滿各式麵衣，再用高溫迅速油炸。

不裹粉炸蓮藕與馬鈴薯

蓮藕、馬鈴薯、海老芋、牛蒡和胡蘿蔔等食材薄切之後不裹粉直接油炸，可以當作簡單的小吃。為了炸得酥脆，要用大約為中溫的溫度仔細炸過，好去除水分。

各式麵衣炸銀魚與魚漿

將用酒鹽洗過的銀魚撒滿美人粉與芝麻麵衣油炸。因為是一尾一尾下去炸，所以要準備稍微大尾一點的魚。左側的則是用蝦子和烏賊的肉泥沾上麵衣後油炸製成。不管是哪一種都很適合用在便當裡。

飯類

便當裡的飯是以模具做出來的造型飯，或是用握壽司這類形狀固定的作法來呈現，不僅外形比較漂亮，擺設起來也會很美觀。特別是造型飯，可以收集形狀漂亮的造型模具，因應季節分別使用，就算只是白飯也能讓人感到很開心。而不容易弄散的優點也是其魅力所在。

造型飯的作法

造型模具除了照片中所示的塑膠製品之外，還有木製、不鏽鋼製等等。不管哪一種都是用水沾濕後再來使用，會比較容易把飯抽出來。

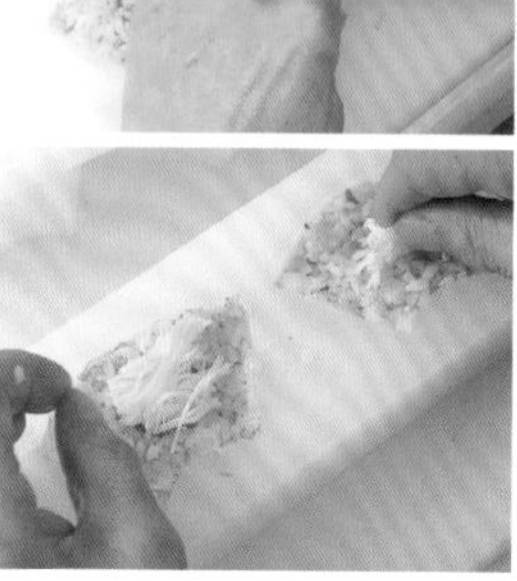

1 為了讓飯比較好脫模，先把造型模具沾開水弄濕。

2 把要塞入模具裡的飯量拿到手上整理形狀。

3 將飯塞入模具裡，一邊用手指往裡塞，一邊塞到沒有縫隙。

4 一起壓製的作法會讓整體比較穩定，在這裡擺上點綴的食材。

5 蓋上擠壓蓋後，施加均等的力量往下壓，精確地做出形狀。

6 不要破壞形狀，將飯擠壓出來，裝入便當盒裡。

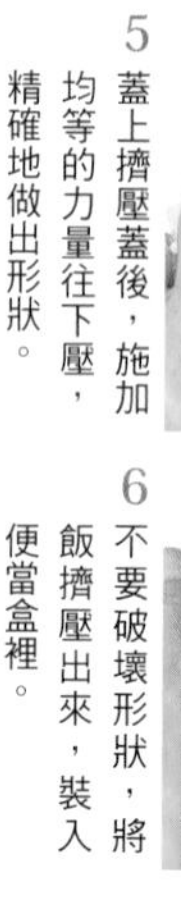

為了做出明確的形狀，要用手指將白飯緊緊地塞進去。

櫻花形・櫻花與紅紫蘇粉

將鹽漬櫻花與紅紫蘇粉加進飯裡。適合用於和櫻花季十分應景的賞花便當等等。

圓形・豌豆仁

豌豆仁的青綠帶來春天氣息的白飯。做成簡單又可愛的圓形。

葫蘆形・鰹魚淋醬油

形狀有趣的葫蘆形，不受季節限制為其魅力。一整年都可以使用。

楓葉形・白芝麻

從綠色楓葉到紅色楓葉，可用時期相當長的造型飯。擺上了香噴噴的白芝麻。

楓葉形・黑芝麻

只有擺上一點點黑芝麻的作法。就算是喪事的便當也完全可以採用。

梅花形・煎蛋

將蛋黃煎成小粒的煎蛋，那鮮明的色調，最適合用來增添點綴。

散壽司（圓形）

便當的飯類要使用散壽司時，用造型模具壓出形狀，就更加有了款待的感覺，用在沒有間隔的便當盒裡，穩定感也會變好。這裡以竹筍散壽司當例子來做介紹。

〈材料〉
壽司飯（參照134頁）／姬竹筍／蝦子（鹽煮）／柔煮章魚（參照131頁）／蜂斗菜／胡蘿蔔／蒟蒻／煎蛋／山椒嫩芽

■作法
準備好去除澀味的姬竹筍，用高湯12、酒1，味醂、淡味醬油各0.5比例的湯汁炊煮後薄切。蜂斗菜在砧板上搓揉鹽之後煮過，再用蔬菜八方高湯炊煮、切碎。蒟蒻、胡蘿蔔切細碎，用八方高湯炊煮之後去除水分，混入壽司飯裡。將其他配料漂亮地湊在一塊，做成圓形之後，配上山椒嫩芽。

創意飯糰

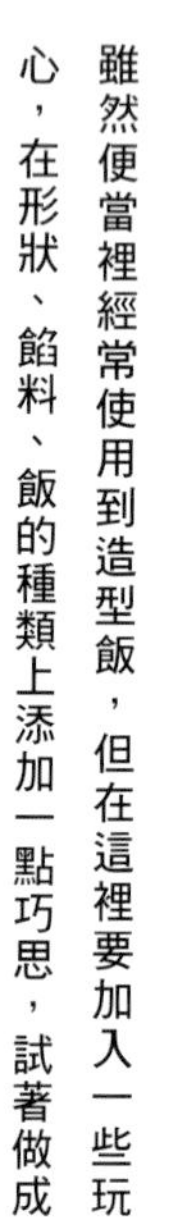

雖然便當裡經常使用到造型飯，但在這裡要加入一些玩心，在形狀、餡料、飯的種類上添加一點巧思，試著做成飯糰風。可以用在想與平時有點不同趣味的時候。

栗子糯米飯

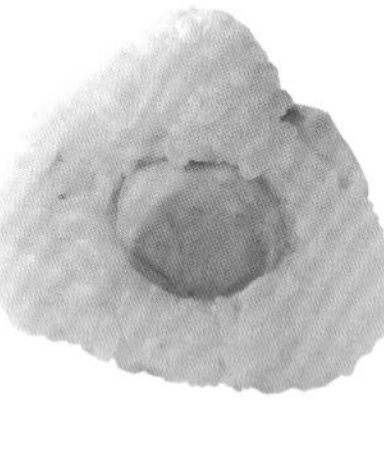

與秋季便當絕配！加入整顆栗子炊煮的樸素飯糰。雖然也可以只用白米，但若是搭配上糯米，就能做出柔軟有勁道的口感。

壽喜燒菜卷

將薄切牛肉用壽喜燒的佐料醬汁快速煮過之後，捲入米袋形狀的白飯裡，再用萵苣的葉子包起來。肉汁滲透進飯裡，非常好吃。

海底雞小黃瓜卷

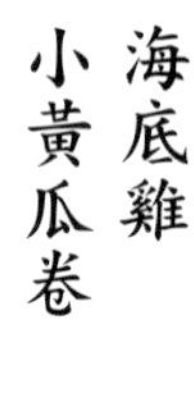

餡料是美乃滋拌海底雞與切絲的小黃瓜。用海苔帶把桂剝切的小黃瓜捲起來。

各式烤飯糰

烤飯糰也一樣，只要改變配料，就會有各種不同的變化。

〔上層左起〕切碎的紫蘇與裙帶菜／甘醋醃漬胡蘿蔔／烤乾咖哩／切碎的壬生菜醃漬物／蝦子磯邊炸／烏賊磯邊炸／梅乾

乾咖哩俵形飯糰

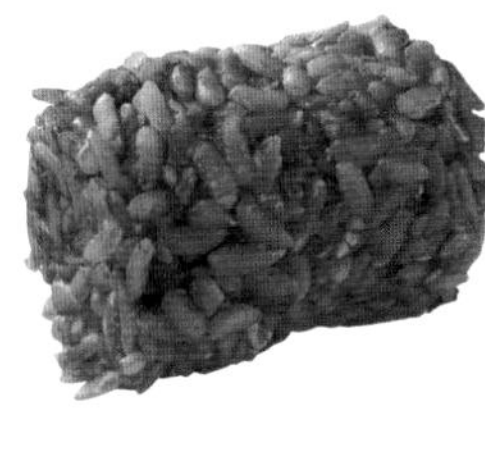

把乾咖哩做成正統的米袋形狀飯糰，炙燒之後做得香酥可口。只要把乾咖哩的配料切得細碎，就可以做得很漂亮。

歐姆蛋俵形飯糰

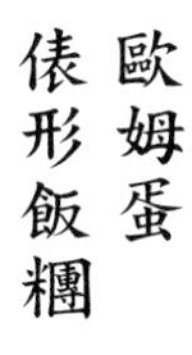

將魚肉香腸放在中間，再把番茄醬飯做成米袋形狀。用薄煎雞蛋捲起，再用鴨兒芹的莖綁起來就完成了。能用手抓起來吃的歐姆蛋。

朧昆布飯糰

把梅乾、炸蝦、烤鮭魚當成配料，做成三角飯糰後捲上朧昆布。與烤海苔不同的滋味，是其魅力所在。

明太子奶油起司米飯三明治

把白飯當成麵包來使用的米飯三明治。用薄薄地延展的白飯夾入明太子奶油起司，再用海苔帶捲起來。

便當擺設法

便當重視各道料理各別的味道，並考慮到了方便食用、外帶運送等特性，採用讓料理不會亂掉的擺設。為了防止味道相互影響，把中子容器排進便當盒裡，或是把葉片底墊當成隔板等工夫也是必要的。

裝進松花堂便當盒裡

松花堂便當盒只要把區隔開來的內部當成器皿來使用即可，擺設出人意料地並不困難。只不過，把隔間裝得滿滿的話，就會減損松花堂便當盒具有的品味，所以擺設要有適度的留白，並將湯汁較多的煮物與生食用的生魚片放進中子容器，白飯則裝在左前方以便食用。

什錦拼盤（海老芋、簾麩、樹葉形狀的南瓜、蕪菁、鴻禧菇、油菜花）／小袖高湯蛋卷／鮭魚有馬燒／蠟燒烏賊／星鰻八幡卷／甘醋醃漬花形蓮藕／蜜煮楊梅／松葉插黑豆、西京醃漬島胡蘿蔔／迷你秋葵／醋漬蘘荷／生魚片（削切鯛魚、三種蒟蒻生魚片、花穗紫蘇、青紫蘇葉、山葵、紫蘇芽）／燒霜鯛魚棒壽司／梅子蕪菁

1 左後方的中子容器裝煮物。放入當成底座的海老芋，依序往前擺。

2 右後方裝燒物。留點空白，並擺設得美觀又立體。

3 右前方鋪上青紫蘇葉，將削切鯛魚生魚片疊起來並添加配料。

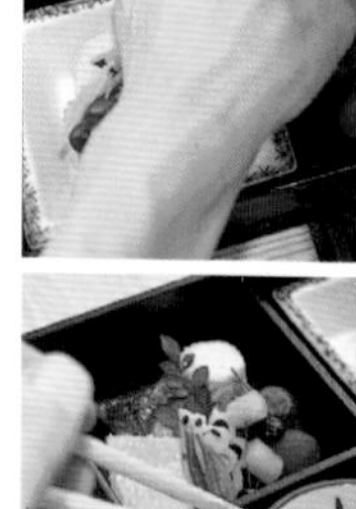

4 在左前方的鋪板上擺放棒壽司，添加清香醃菜。

5 最後將熱騰騰的湯汁倒入裝有煮物的中子容器裡。

6 為了讓白飯不會沾黏，把底板泡過熱水，使其含有水分。

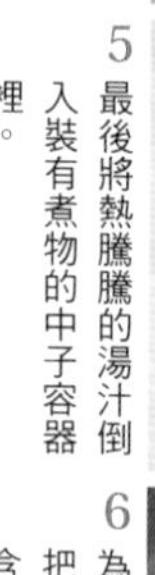

裝進各式糕點盒的便當盒裡

製作得像是緣※10高便當的便當盒，沒有隔板所以能夠自由裝盤，但相對的，也考驗製作者的美感。將有份量感的料理當成底座放置在後方，以此為起點開始擺設的話，會比較容易完成。沿著邊緣取得適當的留白，是讓邊緣較高的容器擺設看起來比較美觀的訣竅。

小袖高湯蛋卷／馬頭魚西京燒／醬油醃漬鮭魚子金柑盅／芝煮蝦／豆腐皮茶巾絞（銀杏、日本雞、香菇）／蔬菜炊物（南瓜與胡蘿蔔的小手鞠、扭轉蒟蒻）／油菜花／柔煮章魚／美人粉炸馬頭魚／干貝利休炸／醬燒筵麩／蘘荷壽司／鹽煮一寸豆／茨菰煎餅／梅花造型飯配碎梅

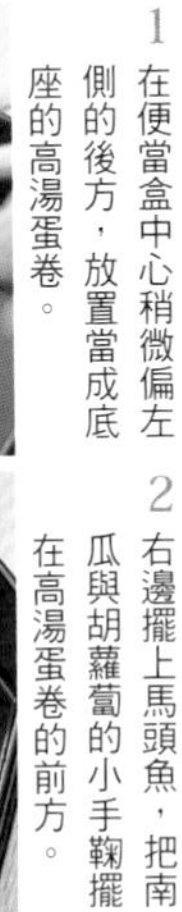

1 在便當盒中心稍微偏左側的後方，放置當成底座的高湯蛋卷。

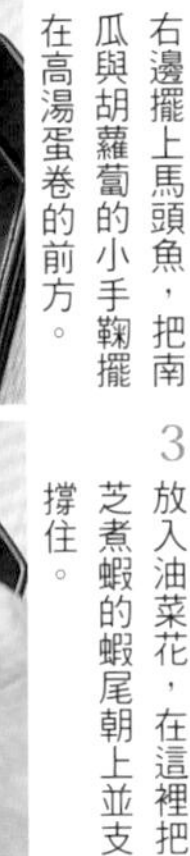

2 右邊擺上馬頭魚，把南瓜與胡蘿蔔的小手鞠擺在高湯蛋卷的前方。

3 放入油菜花，在這裡把芝煮蝦的蝦尾朝上並支撐住。

4 珍味與涼拌料理等，則放進金柑盅和小盃裡。

5 擺入煮物之後，把用來轉換口味的蘘荷壽司當點綴。

6 接著放入炸物料理。把兩片茨菰煎餅錯開。

7 左前方放置做成梅花形狀的造型飯，擺上碎梅。

8 最後勻稱地配上裝飾用的南天竹竹葉。

※10：緣高便當是種邊緣稍高內部較深的便當盒。

各式便當盒

容器的形狀、顏色和質感等，也會增添便當料理的樂趣。由於收集種類繁多的容器相當不容易，因此，挑選能夠襯托各個季節、或是手頭會做的料理的容器，再用裝盤的巧思提高便當的魅力即可。

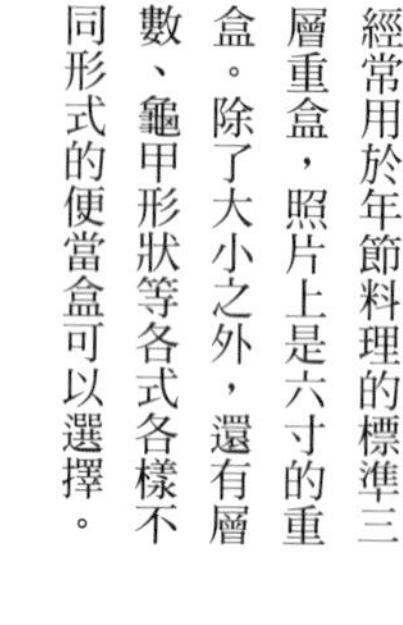

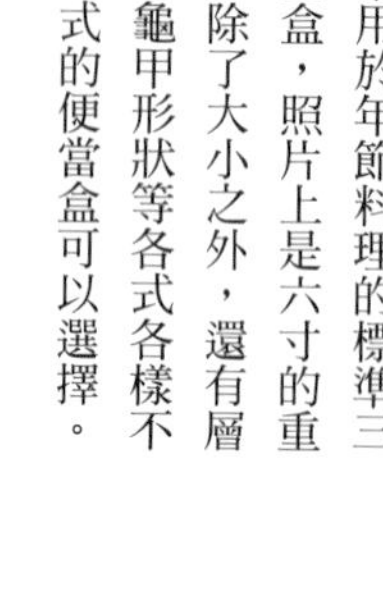

❖原木三層重盒

經常用於年節料理的標準三層重盒，照片上是六寸的重盒。除了大小之外，還有層數、龜甲形狀等各式各樣不同形式的便當盒可以選擇。

❖松花堂便當

區分成四格是它的特色，可以裝生魚片、煮物等多種料理。也可以編入其他容器表現出季節感。要做出帶有留白的擺設。

❖圓形雙層便當

附蓋子的雙層便當盒，除了圓形之外，還有金幣形等各種不同的形狀，一般採用的是上層裝料理、下層裝飯的分裝風格。

❖半月便當

加入內部隔板的方式，可以為料理的擺設方法增添變化。大多會將料理塞得緊緊的。另外也有像第8頁介紹的淺淺的半月形。

❖弧形瓦帕

作為傳統工藝品也相當有人氣的便當盒，木紋的清新感能勾起食慾。其他還有竹或柳編成的箱籠等等，表現出懷舊氣息的便當盒也十分惹人喜歡。

❖青竹便當

劈開青竹製作而成的手工便當盒範例。有趣的模樣很受歡迎，鮮明的綠色也為夏天的便當帶來了清爽感。

「人氣便當料理」作法與解說

便當料理 調配指南

包含各種煮物、燒物、炸物以及配料，製作便當時要準備多種種類的料理。作為基底的湯汁、燒烤醬料或是麵衣等等的搭配，如果對這些有大致的理解，便當製作起來就可以十分順暢。這邊就統一來介紹，如果記起來就會非常方便的調配範例。

八方高湯

高湯……8
酒……2
砂糖……1
濃味醬油……0.8
溜醬油……0.2
味醂……0.2

*多種料理的基底。醬油則會根據素材和用途不同，分別運用淡味醬油、濃味醬油、白醬油。在製作便當料理的蔬菜煮物和炊飯時是必不可少的。

蔬菜八方高湯

高湯……18
味醂……1
淡味醬油……1

*用來當配料的青菜、迷你秋葵、四季豆以及蠶豆一類的綠色蔬菜，大多是預先煮過到出現亮色之後，再浸泡蔬菜八方高湯來入味。

湯底八方高湯

高湯……8杯
淡味醬油……1大匙
酒……40㎖
鹽……少量

*為湯品基底調味的搭配範例。依據季節和湯主料來調整酒和鹽的份量。

芋頭煮物

高湯……8～12
醬油……1
味醂……0.8
酒……0.2
鹽……少量

*雖然用淡味醬油炊煮的情況較多，但要煮得白白的時候則改用白醬油。此外，也可以用濃味醬油炊煮，作出較濃的調味。用於便當的部分，則是把芋頭炸過之後，去除黏液再炊煮，這麼一來就能放得比較久。

竹筍八方煮

材料	份量
高湯	12
酒	1
味醂	0.5
淡味醬油	0.5
鹽	少量

*在竹筍的尖端劃下刀痕，連同米糠與紅辣椒一起煮過，直接泡在湯汁裡放涼以去除澀味。用於便當的則是調整至稍微濃一點再來炊煮，撒滿土佐粉也非常美味。

旨煮日本九孔

材料	份量
高湯	6
酒	2
醬油	1
味醂	0.8
砂糖	少量

*將日本九孔用鹽摩擦過之後從殼裡取出，切除嘴部後用湯汁燉煮。要放回殼裡時，把殼仔細清洗之後再使用。

燉煮高野豆腐

材料	份量
高湯	5杯
酒	1/2杯
淡味醬油	30mℓ
砂糖	35g
鹽	1小匙

*高野豆腐浸泡於充足的熱水裡泡發，重複擠壓、清洗數次直到不再跑出髒污，用稍甜的湯汁來燉煮。

燉煮鯛（鱈）魚子

材料	份量
高湯	10
酒	2
砂糖	1
味醂	0.8
淡味醬油	0.8
鹽	少量

*春天大多用鯛魚子，秋冬時則多用鱈魚子。不管哪一種，都是燙白之後連同細薑絲一起煮透。

芝煮蝦

材料	份量
高湯	4
酒	2
淡味醬油	0.6
濃味醬油	0.2
味醂	少量

*發揮出蝦子鮮味的炊煮湯汁。蝦子連殼一起快速炊煮後取出，等湯汁冷卻後再放回去使其入味。

煮浸帶卵香魚

材料	份量
水	10杯
醋	適量
番茶	5g
酒、味醂	各1/2杯
濃味醬油	1/4杯
溜醬油	1大匙
砂糖	4大匙

*用加入醋和番茶的水煮軟之後，再加入調味料熬煮。如果加入山椒果實就會變成有馬煮。

柔煮章魚

材料	份量
高湯	8
酒	2
砂糖	1
濃味醬油	0.8
溜醬油	0.2
味醂	0.2

*章魚腳燙白之後，以此配方的湯汁燉煮45分鐘～1小時煮軟。採用這個配方的前提是使用活章魚。

白煮星鰻※11

材料	份量
高湯	8
酒	2
味醂	1
砂糖	0.5
淡味醬油	0.3
鹽	少量

*星鰻切開之後去除黏液，用上述的湯汁快速煮過。想要煮得更白時，則使用白醬油取代淡味醬油。

※11：白燒、白煮等調理方式，是指不用調味料將食材染色，或是用白醬油將食材調理出白白的顏色。

南瓜煮物

高湯……8〜12
醬油……1
味醂……0.8
酒……0.2
鹽……少量

*煮南瓜時，醬油採用同比例的淡味、濃味醬油來炊煮，就會煮出恰到好處的均衡滋味。

燉煮乾燥香菇

高湯……10
酒……1
味醂……1
濃味醬油……1

*變色後會看起來比較好吃的乾燥香菇，使用的是採用了濃味醬油的湯汁。乾燥香菇要先泡水一晚泡發。

蔬菜田舍煮

高湯……4
味醂……1
濃味醬油……0.4
淡味醬油……0.4
砂糖……0.2

*煮出濃郁味道的田舍煮，加入了少許砂糖調整成稍甜一些。除了茄子和牛蒡等蔬菜之外，也很適合油豆腐和鯡魚乾。

蜜煮丸十

水……2
砂糖……1

*丸十就是番薯的別稱。便當用的則是預先煮過之後，再用上述的糖漿來蜜煮，除此之外，也有沾麵粉浸泡蛋白，撒上罌粟籽之後炸過，再裝進便當盒的情況。

茄子翡翠煮

高湯……15
酒……1
味醂……0.8
淡味醬油……1
鹽……少量

*活用茄子皮底下的顏色來烹煮。於茄子上縱切刀痕之後，不裹粉直接炸過並浸泡冷水。剝皮之後用湯汁快速煮過，再泡入冷卻的湯汁裡浸漬。

甘煮茨菰

高湯……1杯
砂糖……3大匙
鹽……1/3小匙
濃味醬油……1/2小匙
味醂……1大匙

*稍微有點甜味的湯汁，百合根之類的食材也是用同樣的方式煮過。預先煮過去除澀味之後再燉煮。

蜜煮豆（茶福豆／黑豆）

水……2
砂糖……1

*茶福豆泡水吸飽水，煮到變軟之後，用上述比例調配的湯汁蜜煮。

*黑豆泡水吸飽水，煮到變軟之後，用煮融砂糖的糖漿蜜煮。如果要更細心地製作的話，之後還可以再用同比例的水和砂糖調配成的糖漿炊煮。

燉煮蒟蒻

高湯……4
味醂……1
淡味醬油……0.4
濃味醬油……0.4

＊蒟蒻薄切後在中心劃下刀痕，將單側穿過中間做成韁繩狀。預先煮過去除澀味之後，用稍濃一些的湯汁燉煮。

合鴨里肌

高湯……8
紅酒……2
濃味醬油……0.3
伍斯特醬……0.3
番茄醬……0.4
砂糖……0.4

＊將合鴨的帶皮側烤過，待油脂跑出來之後，再用風味極佳的湯汁煮過。加入番茄醬和伍斯特醬，做成適合各年齡層的味道。

有馬燒

酒……4
味醂……2
濃味醬油……3
溜醬油……0.2
水飴……0.2

＊將熬煮到剩下1成的醬料，一邊淋在兩面都烤過的秋刀魚、鮭魚等食材上，一邊燒烤，最後撒上山椒粉完成。

味噌醃床（西京地）

白味噌（顆粒）……10
味醂……1
酒……1

＊魚貝和肉類的醃床，將味噌、味醂與酒攪拌好之後，把材料放進去醃漬。味噌也可以替換成個人喜歡的種類。魚貝類是預先撒上鹽，除去多餘的水分後再醃漬。若是醃漬肉類，則加入薑絲即可。

祐庵地（柚庵地）

酒……1
味醂……1
濃味醬油……1

＊烤魚的代表性醃漬醬汁。以同比例將酒、味醂以及濃味醬油調配起來，也可以加入切成圓片的日本柚，做出很棒的香味。即使冷掉之後肉質也不容易變硬，所以很適合用於便當料理。

一夜干用醃漬醬汁

水……2
酒……1
鹽……適量
昆布……適量

＊在水與酒裡加入鹽，調整到約為海水濃度的程度，並用昆布添加鮮味的醃漬醬汁。把切開的魚醃漬進去約2小時後風乾。根據魚的大小與肥美程度，來調整醃漬的時間。

栗子甘露煮

水……2
砂糖……1

＊栗子剝去硬皮與薄皮，用加入梔子花果實的水煮過，煮到變色之後，用上述比例調配的湯汁蜜煮。若是製作帶有薄皮的澀皮煮時，則需加入少量的濃味醬油烹煮。

白雞蛋味噌

白味噌……200g
蛋黃……5顆量
味醂……50㎖
酒……50㎖
砂糖……75g

＊可以當成田樂味噌或涼拌調味料等基底的基本味噌。混合材料後用小火仔細熬製，做出漂亮光澤。因為可以久放，所以可以大量做好之後備用。

星鰻八幡卷

濃味醬油……2
溜醬油……0.2
酒……2
砂糖……0.5

*將醬料的材料加熱，熬煮到剩下2成左右。牛蒡用洗米水煮得稍硬一些，泡水之後再用八方高湯炊煮。將處理好的星鰻皮朝外地纏起來，插上鐵串後，一邊烤一邊淋上醬料。

黃身燒

蛋黃……2顆量
味醂……2小匙
鹽……1/3小匙

*色調鮮豔的黃身燒，是把蛋黃用味醂化開，再用鹽調味製成黃身衣，塗在不調味直接燒烤的魚貝類上烤成。

牛肉八幡卷

紅酒……2
濃味醬油……1
味醂……1
把薑、洋蔥、胡蘿蔔磨成泥……各適量

*加熱熬煮到剩下1成左右後使用。用牛肉把蘆筍、胡蘿蔔、綠花椰菜莖以及土當歸等蔬菜、菇類捲起來後醬燒。用平底鍋來煎烤的話會非常輕鬆。

真薯糊

魚漿……100g
日本山藥……20g
蛋白……1大匙
酒……少量
昆布高湯……100mℓ

*使用白肉魚、烏賊、蝦子製作魚漿。將山藥泥、蛋白、酒加入魚漿中，充分攪拌混合。昆布高湯則依據魚漿的彈性去斟酌用量。充分拌勻之後蒸過，製成真薯。

鐵火味噌

紅味噌……1kg
蛋黃……10顆量
砂糖……100g
味醂……200mℓ
酒……200mℓ
柴魚片……適量

*使用了紅味噌的調配味噌，加入柴魚片後熬製而成。柴魚的鮮味會轉移至味噌裡，非常美味。這種味噌也可以用在田樂味噌和涼拌調味料上。

壽司醋

醋……1杯
砂糖……150g
鹽……45g
爪昆布※12（5cm方形）……1片

*將材料加熱、煮融之後使用（米※13 1升的份量）。主要是用來搭配關西壽司的調配比例。冬天時，可以把鹽減少到40g。將壽司醋加入剛煮好的飯裡切拌。

高湯蛋卷

雞蛋……3
高湯……1
淡味醬油……少量
鹽……少量
味醂……少量

*除了高湯蛋卷外，還可用於鰻魚卷、星鰻卷、磯邊卷等等，有各式各樣的應用。而混合螃蟹和蝦子後烤過的袱紗卷，則調味得稍甜一點即可。

醬油醃漬花山葵

高湯……8
淡味醬油……1
味醂……0.5

*將山葵花蕾或是山葵葉切適當的大小，放入密閉容器並倒入熱水後稍微靜置一會。去除水分之後，浸泡進煮滾一次後放涼的醃漬醬汁裡。

※12：製作朧昆布時師傅捏著的那個部分，被稱為爪昆布。　※13：日本量米單位，1升約為1.8公升。

甘醋醃漬

醋……………………1
高湯…………………1
砂糖…………………0.4
味醂…………………0.1
鹽……………………少量

*混合上述材料後煮滾，冷卻之後製作成甘醋。蘘荷快速煮過之後移到濾網裡，撒上薄薄的鹽後放涼，浸泡甘醋產生顏色。

豆腐涼拌調味料

豆腐（去除水分後）…100g
雞蛋味噌（參照133頁）…………10g
砂糖…………………2大匙
鹽……………………1/2小匙
煮去酒精的味醂……1大匙
淡味醬油……………1小匙

*豆腐確實去除水分之後篩過，加入調味料後在研缽裡磨到變光滑為止。如果加入芝麻糊則會更為濃郁。

醬油醃漬鮭魚子

煮去酒精的酒…………4
煮去酒精的味醂………1
濃味醬油………………1

*鮭魚子浸泡38℃左右的溫水並一粒粒剝散，去除薄皮之後用鹽水洗過。用這個配方的話要早點吃完。若要長時間浸漬時，則把醬油調得稀一點。

花瓣形狀的百合根

百合根………………適量
梅子醋………………適量

*準備清理過後的百合根，將它一片片剝開，使用裡面較小的部分。在尖端切V字刀痕就會變成櫻花花瓣的模樣。用梅子醋或是紅色食用色素染色，作為春天的配料。

「四季意趣便當」的作法

春　半月便當　8頁

◎姬醋涼拌青柳貝干貝、草蘇鐵嫩芽

【材料】青柳貝干貝　姬醋（黃身醋、梅肉）

【作法】青柳貝干貝酒煎之後，拌入在黃身醋裡混入梅肉的姬醋，再裝進小碟子裡，搭配煮過的草蘇鐵嫩芽。

◎爌肉奉書卷※14

【材料】燉煮三層肉的湯汁（比例／高湯10、酒5、味醂1、淡味醬油1、砂糖0.3）蘿蔔

【作法】

1 三層肉切成5 cm左右的方形，用油煎過帶皮側之後，再用熱水去油。

2 用加入米糠的熱水把1的材料燉煮5～6小時，用水洗過之後再煮個30分鐘。

3 混合好湯汁的材料，用中火仔細地燉煮豬肉。

4 桂剝切的蘿蔔浸泡薄鹽水泡軟之後，把3的豬肉捲起來。

◎燉煮蕪菁

【作法】蕪菁剝皮剝得稍厚一些，用洗米水預先煮過之後，用白八方高湯（參照113頁）煮透。

◎竹筍八方煮

【作法】準備好去除澀味的竹筍，用八方高湯（參照130頁）煮入味。

◎燉煮南瓜

【作法】南瓜剝皮，用八方高湯（參照130頁）煮透。

◎烏賊松笠煮

【材料】烏賊　湯汁（比例／高湯4、酒2、淡味醬油1、味醂1、砂糖少許）

【作法】準備處理好的烏賊，用菜刀劃出鹿紋後，再用湯汁快速煮過。

◎柔煮章魚

【作法】章魚腳過熱水之後用流水沖洗，去掉黏液和髒污。把湯汁（參照131頁）的材料煮滾後放入章魚，蓋上落蓋，用小火煮約45分鐘～1小時，直到章魚變軟為止。

◎雙色真薯

【材料】魚漿　日本山藥　雞蛋　白昆布　高湯　鹽酒

【作法】魚漿加入日本山藥、蛋白、昆布高湯、調味料後攪拌，並分成一半。一半混入蛋黃變成黃色，另外一個則混入青菜的綠色。揉成丸子狀後蒸過。

◎甘醋醃漬炸圓鱈※15

【材料】圓鱈　甘醋醬料（比例／高湯2、醋1、砂糖0.2、鹽少許、淡味醬油少許）

【作法】圓鱈拍上麵粉後油炸，浸泡甘醋醬料。

◎牛肉卷物

【材料】薄切牛肉　白蘆筍　玉米筍　醬料（參照134頁「牛肉八幡卷」）

【作法】用薄切牛肉把煮過的白蘆筍和玉米筍捲起來，再用平底鍋做成醬燒。

◎鰻魚蛋卷

【材料】蛋液（比例／雞蛋3、高湯1，淡味醬油、味醂、鹽各少量）　蒲燒鰻魚

【作法】配合煎蛋器的寬度切好蒲燒鰻魚。混合好蛋液的材料後，把蒲燒鰻魚放在中心位置，用跟高湯蛋卷（參照118頁）同樣的方式煎過。

◎白鯧西京燒

【材料】白鯧　味噌醃床（比例／白味噌10、味醂1、酒1）

【作法】在白鯧魚片上稍微撒點鹽之後，擦去多餘的水分。放進味噌醃床裡醃漬1、2天，待入味之後取出，擦掉味噌並煎出漂亮的顏色。

◎霰餅炸蝦泥

【材料】蝦泥　鹽　酒　麵粉　蛋白　霰餅

【作法】蝦泥加入蛋白、酒、山藥泥、昆布高湯調配之後，整成適當的大小，按順序沾上麵粉、蛋白，再撒滿霰餅油炸。

※14：一種用白色的材料（如切薄圓片的蕪菁、桂剝切的蘿蔔等）將食材捲起來製成的料理。看起來就像是捲上了奉書紙一樣，因而得名。

※15：又稱為小鱗犬牙南極魚、巴塔哥尼亞齒魚、智利海鱸魚、美露鱈、銀鱈魚、南極圓鱈，但並不是真的鱈魚。

◎山藥壽司

【作法】把蒸好的日本山藥篩過，加入蛋黃、砂糖、少量的醋，用小火煮並攪拌。再做成圓筒形。

◎土魠魚祐庵燒

【材料】土魠魚祐庵地醬汁（比例／濃味醬油1、味醂1、酒1）

【作法】將土魠魚醃漬在祐庵地醬汁裡約30分鐘，擦去水分後煎至金黃酥脆。最後再淋上祐庵地醬汁快速地炙燒過。

◎茶福豆撒罌粟籽（參照132頁）

◎各式麵衣炸魚漿

【材料】魚漿　酒　蛋白　昆布高湯　黃身衣（麵粉　蛋黃　水鹽※16）

【作法】魚漿加入蛋白、酒、日本山藥泥、昆布高湯調配之後，整成適當的大小，拍上麵粉後，塗滿黃身衣油炸。

◎旨煮日本九孔

【材料】日本九孔　湯汁（高湯6、酒2、濃味醬油1、味醂0.8、砂糖少量）

【作法】用鹽摩擦日本九孔後，取出貝肉並去除嘴部。劃下鹿紋之後用湯汁炊煮。將殼清洗乾淨，把煮好的日本九孔放回殼裡。

◎螢烏賊拌醋味噌

【材料】螢烏賊　湯汁（比例／高湯3、酒1、味醂1、濃味醬油1.5）　醋味噌

【作法】湯汁的材料放入鍋裡煮滾，將螢烏賊煮過之後取出放涼。添加醋味噌。

※醋味噌是在雞蛋味噌（參照133頁）裡加入醋和溶化的芥末之後攪拌而成。

◎水針魚與蝦子的手綱壽司※17

【材料】水針魚　竹節蝦　薄煎雞蛋　菠菜　壽司飯（參照134頁）

【作法】處理好的水針魚淋上薄鹽水之後，用醋清洗並剝皮。竹節蝦插入竹籤拉直，用酒鹽煮過之後剝殼。將保鮮膜鋪在捲簾上，斜斜地排放水針魚、蝦、煮過的菠菜、薄煎雞蛋，再擺上壽司飯並捲起來做成棒狀。

◎豆皮壽司

【材料】豆皮　壽司飯（參照134頁）　香菇煮物　胡蘿蔔煮物　雞蛋絲

【作法】豆皮去油，用高湯、醬油、砂糖調成稍甜的滋味來炊煮。香菇和胡蘿蔔的煮物細切之後，混入壽司飯並塞進豆皮裡。用雞蛋絲、花形狀的胡蘿蔔、山椒嫩芽等來當配料。

春　松花堂便當

10頁

生魚片

◎燒霜白帶魚、烏賊一拖一生魚片※18、水針魚長條生魚片、近江紅蒟蒻

【作法】準備處理好的白帶魚，將帶皮側烤成燒霜後切成方便食用的大小。烏賊切塊後切成長片狀。水針魚三枚切之後切成長片狀。用大原木蘿蔔※19當支撐，放上青紫蘇葉，放入水針魚、白帶魚、烏賊。撒上花瓣形狀的胡蘿蔔並添上山葵。

煮物

◎鯛魚子、蜂斗菜、竹筍、裙帶菜、胡蘿蔔的什錦拼盤

【作法】

1 去掉鯛魚子的血塊，在薄皮上劃下刀痕，淋上熱水燙白後浸泡冷水，移到濾網上過濾。用跟「燉煮鱈魚子」（參照115頁）同樣的炊煮方式煮入味。

2 準備好去除澀味的竹筍。用鹽將蜂斗菜在砧板上搓揉後煮出漂亮的顏色，剝皮並切成方便食用的大小。切雕胡蘿蔔，用洗米水預先煮過。裙帶菜用熱水燙過。分別用八方高湯（參照130頁）炊煮。

八寸

◎土魠魚祐庵燒

【作法】土魠魚肉塊用祐庵地醬汁（參照133頁）醃漬30分鐘左右，去除水分後插上竹籤，將兩面烤過。烤好之後淋滿醃漬醬汁再次炙燒。

◎鹽煮蠶豆

【作法】用加鹽的熱水將蠶豆煮過。

◎黃身衣炸蝦

【作法】蝦子剝殼之後切去尾巴的尖刺，在腹部劃下刀痕。拍上薄薄的麵粉後，將蝦子塗滿黃身衣（2顆蛋黃的量比1杯麵粉、1杯水攪拌而成），炸出漂亮的顏色。

◎梅子醋醃漬蘆筍（參照117頁）

※16：水鹽是醬油普及前，將熬煮過的海水拿來當成調味料使用。現代則多搭配噴霧器使用。

※17：手綱是指韁繩，由於擺在壽司上的模樣很像漂亮的馬鞍，在台灣又有人稱為馬鞍壽司。

※18：一拖一又稱為八重造或兩枚，指先切一刀但不切斷，之後另起一刀將食材切開的作法。

※19：大原木是指將食材切成細長條後，用鴨兒芹或昆布等材料綁起來，堆疊成柴薪的模樣。

◎蜜煮丸十（參照132頁）

◎小袖高湯蛋卷

【材料】蛋液〔比例／蛋3、高湯1，淡味醬油、味醂、鹽各少量〕

【作法】將蛋液的材料仔細打散。熱好煎蛋鍋並抹上薄薄一層油，倒入適量的蛋液煎，從對側往前捲。讓捲起來的蛋移至對側，再抹上一層油並倒入蛋液，以相同方式捲起來。如此重複3次左右之後，放到捲簾上做成小袖和服的形狀。

◎銀魚利休炸[※20]

【作法】銀魚泡過薄鹽水後拍上麵粉，浸泡過蛋白後取出，撒滿白芝麻油炸。

飯類

◎蒟蒻豆皮壽司

【作法】蒟蒻薄切，劃一刀做成袋狀，用高湯、砂糖、醬油調整成稍甜的滋味炊煮之後，塞入壽司飯（參照134頁）。

◎高菜壽司

【作法】攤開新醃漬的高菜葉，把壽司飯（參照134頁）包成小小的圓形。

◎牛蒡撒土佐粉

【作法】牛蒡斜切，泡過水之後，用較濃的八方高湯炊煮成稍甜的口味，撒上柴魚粉。

◆湯品

【材料】嫩草豆腐　蘿蔔　胡蘿蔔　油菜花　日本柚

【作法】嫩草豆腐是在真薯糊中加入青菜顏色後蒸製而成。蘿蔔削成櫻花狀並薄切。胡蘿蔔削成花瓣狀。把油菜花亮色。分別用湯底八方高湯預先調味。把嫩草豆腐放入清湯裡，擺上蘿蔔、油菜花之後倒入湯底，並用胡蘿蔔、柚子絲來當配料。

春 幕之內便當

12頁

生魚片

◎水針魚長條生魚片、烏賊一拖一生魚片、豆腐皮蒟蒻

【作法】將處理過的水針魚切成長片。將切塊的烏賊縱劃約厚度1/3的一刀後，切成方便食用的大小。豆腐皮蒟蒻也切成方便食用的大小。裝入舖有青紫蘇葉的容器裡，添上醬油醃漬花山葵（參照134頁）、花瓣形狀的胡蘿蔔和山葵。

煮物

◎蝦子黃身煮與南瓜、小芋頭的什錦拼盤

【材料】蝦子　麵粉　蛋黃　黃身煮用湯汁〔比例／高湯6、味醂1、淡味醬油0.8、鹽少許、薑汁少量〕　南瓜　小芋頭　胡蘿蔔　蕨菜　絹莢豌豆　蔬菜八方高湯（參照130頁）

【作法】

1 準備好去殼的蝦仁，切成方便食用的大小。把黃身煮用的湯汁材料加熱，將火候控制在快要煮滾的狀態。蝦子撒上麵粉後，塗滿打散的蛋液並放入湯汁裡。蓋上落蓋，以煮熟表面蛋黃的程度快速煮過。

2 小芋頭切去頭尾後，切成六角形並去皮，用洗米水預先煮過之後泡水，再用白八方高湯煮入味。

3 胡蘿蔔剝皮之後切成較厚的長片，用洗米水預先煮過之後，用八方高湯炊煮。

4 南瓜拔去葉子，削過並留下一點皮呈斑點狀，預先煮過之後再用八方高湯炊煮。

5 蕨菜去除澀味之後用熱水煮過，泡進八方高湯裡。將絹莢豌豆鹽煮出漂亮的顏色後，浸泡蔬菜八方高湯。

八寸

◎鮭魚有馬燒

【材料】鮭魚的燒烤醬料〔比例／酒4、味醂2、濃味醬油2、溜醬油0.2、水飴0.5〕　山椒粉

【作法】烹煮燒烤醬料的調味料，熬煮到剩下約1成的程度。先將鮭魚的兩面直接烤過之後，再一邊淋滿醬料一邊燒烤，最後撒上山椒粉完成。

◎帆立貝干貝黃身燒

【作法】於帆立貝的干貝表面劃下鹿紋，用酒、鹽預先調味後稍微烤過。塗上黃身衣（參照134頁），以炙燒的程度烤過。待表面乾了之後，再次塗上黃身衣烤出漂亮的顏色。

◎蜜煮丸十撒罌粟籽（參照132頁）

◎手綱蒟蒻

【作法】在切成長片的蒟蒻上劃一刀，再由內而外翻轉做成韁繩的模樣，燙過之後，用蒟蒻的湯汁（參照133頁）炊煮。

◎甘醋醃漬蓮藕（參照117頁）

※20：由於茶道宗師千利休所喜好的信樂燒表面有許多粗顆粒，看起來就像芝麻一樣，因此使用芝麻的料理便被冠上「利休」之名。而因為年節料理講求喜氣，故又稱為利休炸。

◎鹽煮蠶豆

【作法】將蠶豆從豆莢內取出，放入加鹽的熱水中燙出漂亮的顏色。

◎紅酒醃漬樂京（參照164頁）

炸物

◎各式麵衣炸蝦泥

【材料】蝦泥（100g蝦泥比20g日本山藥、1大匙蛋白、約100㎖的昆布高湯、少量的酒）　麵粉　蛋白　美人粉　霞餅

【作法】蝦泥用（）內的材料調味，按順序沾上麵粉、蛋白之後，分別撒滿味美人與霞餅油炸，再撒上一點鹽。

◎銀魚利休炸

【作法】銀魚用薄鹽水洗過，按順序沾上麵粉、蛋白後，撒滿白芝麻油炸，再撒上一點鹽。

◎山菜天婦羅（草蘇鐵嫩芽、土當歸葉）

【作法】草蘇鐵嫩芽、土當歸葉沾上天婦羅麵衣（參照120頁）後油炸，再撒上一點鹽。

主菜

◎鱉甲芡汁飛龍頭

【作法】飛龍頭（參照115頁）用濃味八方高湯（參照112頁）炊煮，倒入溶入水裡的葛粉，做成鱉甲芡汁飛龍頭。用煮好並浸泡過蔬菜八方高湯的胡蘿蔔、小松菜當配料。

飯類

◎山菜握壽司

【材料】蜂斗菜味噌　竹筍　油菜花　醬油醃漬花山葵（參照134頁）　蕨菜　芥末醋味噌　山椒嫩芽味噌　壽司飯（參照134頁）　蔬菜八方高湯（參照130頁）

【作法】

1 蜂斗葉在砧板上搓揉過鹽巴之後，煮成漂亮的顏色，再次浸泡蔬菜八方高湯。按順序將蜂斗菜味噌、切成方便食用大小的蜂斗菜擺到壽司飯上。

2 竹筍預先處理後切成厚長片，浸泡蔬菜八方高湯。將竹筍、山椒嫩芽味噌、山椒嫩芽擺到壽司飯上。

3 去掉醬油醃漬花山葵的水分後，擺到壽司飯上。

4 油菜花撒鹽並煮成漂亮的顏色，浸泡冷水之後擠去水分，再次浸泡蔬菜八方高湯。再來短暫浸泡一下加入少量芥末的蔬菜八方高湯後去除水分，擺到壽司飯上，放上醋味噌。

5 蕨菜做好預先處理後將長度切齊，浸泡蔬菜八方高湯。將蕨菜擺到壽司飯上，添加芥末醋味噌。

◆湯品／銀魚若竹椀

【作法】銀魚快速燙白。做好預先處理的竹筍、蜂斗菜和裙帶菜，用湯底八方高湯炊煮，裝進清湯裡。倒入湯底，撒上花瓣形狀的百合根，添加山椒嫩芽。

春 盒裝便當

14頁

八寸

◎高湯蛋卷

【材料】蛋液（比例／雞蛋3、高湯1，淡味醬油、鹽、味醂各少量）

【作法】雞蛋加入高湯、調味料打散，參照118頁煎好之後，切成方便食用的大小。

◎白鯧西京燒

【材料】白鯧　味噌醃床（比例／白味噌10、味醂1、酒1）

【作法】在白鯧魚塊上稍微撒點鹽，擦去多餘的水分。放進味噌醃床裡醃漬1、2天入味，取出後擦去味噌，烤至金黃酥脆並注意不要烤焦。

◎燻製鴨里肌

【材料】合鴨（胸肉）　醬料（比例／酒3、味醂1、濃味醬油1）

【作法】用束在一起的鐵串將合鴨的帶皮側整個戳刺過後，浸泡在醬料裡約1小時。擦去醬料的水分後燻烤。

※燻的方法是在炒鍋裡鋪上調理紙或是鋁箔紙後，擺入煙燻木屑。設置鐵網並擺上鴨里肌，蓋上與鐵網差不多大的盆子當蓋，以形成密閉狀態。用小火仔細地煙燻。炒鍋和盆子都會變得非常燙，所以要十分小心。

◎蠟燒白帶魚

【作法】白帶魚直接稍微烤過後，在魚肉側反覆塗上2、3次黃身燒的醬料（參照134頁），烤出漂亮的顏色。

◎美人粉炸銀魚

【作法】銀魚用薄鹽水清洗，拍上薄薄的麵粉並浸泡蛋白之後，撒滿美人粉油炸。

◎豆腐皮淋醬燒

【作法】從一端將豆腐皮鬆散地捲成棒狀，烤至變色之後切成3~4㎝寬，用酒、味醂、濃味醬油做醬燒。

◎鹽煮蝦

【作法】去除蝦子的腸泥後鹽煮，剝殼之後切去頭尾兩端並整理好形狀。

春

手提三層重盒

16頁

第一層（生魚片）

◎烏賊、涮竹節蝦、涮章魚三種裝

【作法】烏賊切塊之後細條切。竹節蝦去除腸泥後，留下頭尾的一節並剝殼，快速燙白。章魚用鹽搓揉後去除黏液，切成方便食用的大小，快速過熱水燙白。使用大野芋、檸檬並裝入容器裡，添上百合根、胡蘿蔔切成的花瓣以及山葵。

第二層

◎高湯蛋卷

【材料】蛋液（比例／雞蛋3、高湯1，淡味醬油、鹽、味醂各少量）

【作法】雞蛋加入高湯、調味料攪拌之後，參照118頁煎好，移到捲簾上做出形狀後，切成方便食用的大小。

◎白帶魚酒盜燒

【作法】準備白帶魚魚塊，在帶皮側上劃一刀。用煮去酒精的味醂和酒將酒盜化開。白帶魚烤過兩面之後，在最後淋上酒盜醬料炙燒。

※酒盜醬料只用增添香味程度的量。

◎蜜煮丸十撒罌粟籽（參照132頁）

◎水針魚蕨菜

【作法】水針魚三枚切之後撒上薄鹽，一片一片從頭的那一側捲起來。插上竹籤燒烤，旋轉拔出竹籤後切成一半。

◎柔煮章魚（參照131頁）

◎油菜花

【作法】撒鹽並煮出漂亮的顏色後馬上浸泡冷水，稍微擠去一點水分，再次浸泡到八方高湯裡。接著，快速浸泡過加入少量芥末的蔬菜八方高湯後，擠去水分。

◎蜜煮楊梅

【作法】用糖漿蜜煮夏天時會結出紅色果實的楊梅。

煮物

◎竹筍、牛蒡、胡蘿蔔、蒟蒻的煮物

【作法】準備好預先處理過的竹筍，切成方便食用的大小。牛蒡滾刀切之後，用洗米水煮過。胡蘿蔔也是，剝皮後滾刀切，再用洗米水煮過。蒟蒻滾刀切成較小塊後預先煮過。將這些材料用田舍煮的湯汁（參照132頁）炊煮，撒上煮過之後用蔬菜八方高湯浸泡過的絹莢豌豆，並添加蕨菜。

◎油豆腐煮物

【作法】油豆腐用熱水去油之後切成一口大小。用八方高湯（參照130頁）煮入味後裝進容器裡，添上煮好的綠色蔬菜。

◎旨煮鯛魚子與魚肝

【材料】鯛魚子　鯛魚肝　湯汁（比例／高湯10、酒2、味醂0.8、淡味醬油0.8、砂糖1、鹽少許）　細薑絲

【作法】

1 鯛魚子切去血塊，用菜刀在薄皮上劃過，用熱水燙白，讓它像開花一樣展開，浸泡冷水後移到濾網上過濾。

2 在鍋子裡把湯汁的材料混合，放入1的鯛魚子並加入細薑絲，用中小火煮入味。將鯛魚肝同樣炊煮過。裝進容器，添加用八方高湯煮過的花形狀的胡蘿蔔，再用山椒嫩芽當配料。

◎伽羅蜂斗菜（參照142頁）

飯類

◎散壽司

【材料】竹筍　蒟蒻　胡蘿蔔　絹莢豌豆　蝦子　豆皮　雞蛋絲　壽司飯（參照134頁）　山椒嫩芽

【作法】

1 竹筍先處理過後薄切，浸泡八方高湯。

2 蒟蒻細切之後，用熱水預先煮過。

3 胡蘿蔔切成花瓣的形狀，用洗米水預先煮過，再用八方高湯煮。

4 將絹莢豌豆的兩端切除後撒上鹽，煮過之後泡冷水，再浸泡八方高湯。

5 蝦子快速鹽煮過後，切成約1㎝寬。

6 豆皮去油之後細切。

7 將壽司飯裝入容器裡鋪上雞蛋絲，撒上預先處理好的1到6的材料並做出漂亮的配色，再配上山椒嫩芽。

◆湯品／禮箋模樣的蝦與鯛魚真薯的清湯

【作法】準備鯛魚真薯（參照108頁）並蒸好。蝦子切開腹部後，拍上太白粉。分別用湯底八方高湯預先調味之後裝入清湯裡，倒入湯底，添加切成菖蒲花模樣的土當歸、綠色青菜與泡發的水前寺海苔。

◎燉煮胡蘿蔔、白煮梅花形狀的蘿蔔
【作法】胡蘿蔔用滾刀切細長，蘿蔔削成花的形狀。分別用洗米水預先煮過之後，用八方高湯炊煮。

◎柔煮章魚
【作法】章魚腳快速過熱水之後，用流水沖去黏液和髒污。將湯汁的材料（參照131頁）加熱，煮滾之後放入章魚腳，蓋上落蓋用小火煮45分鐘～1小時，仔細煮到章魚變軟。

◎燉煮小芋頭
【作法】小芋頭切去頭尾，切成六角形並剝皮，用洗米水預先煮過之後，用八方高湯炊煮。

◎鹽煮蠶豆（參照137頁）

◎鱉甲芡汁飛龍頭
【作法】用濃味八方高湯炊煮飛龍頭，倒入溶入水裡的葛粉，做成鱉甲芡汁飛龍頭。

第三層

◎竹筍年輪壽司
【材料】竹筍　壽司飯　山椒嫩芽味噌　山椒嫩芽
【作法】
1 準備好去除澀味的竹筍，桂剝切得稍厚一些，用八方高湯炊煮。
2 把壽司飯（參照134頁）擺到竹筍上捲起來，切成約3cm寬的圓片，擺上山椒嫩芽味噌，搭配上山椒嫩芽。

◎櫻香壽司
【作法】捏好壽司飯後，用鹽漬櫻花葉包起來。

◎烤大羽沙丁魚棒壽司
【作法】大羽沙丁魚處理好，切開攤平成一整塊並用醋醃漬，把帶皮側烤得香酥可口。將沙丁魚的帶皮側朝下，放置在濕布上，擺上做成棒狀的壽司飯（參照134頁）。用布包起來，再用捲簾捲出形狀後切開。
※將醋漬沙丁魚／沙丁魚撒鹽，放置20～30分鐘。用水洗去鹽之後泡在醋裡。切去薄皮之後使用。

◎甘醋醃漬花形蓮藕（參照117頁）

◎牛蒡撒土佐粉
【作法】牛蒡斜切之後預先煮過，再用稍微濃一些的濃味八方高湯煮入味，撒上柴魚粉。

◆湯品／蛤蠣鹹湯
【材料】蛤蠣　蛤蠣高湯　日本柚　胡蘿蔔　綠色蔬菜
【作法】
1 將用水洗過的蛤蠣、水、酒、昆布放入鍋裡加熱，待蛤蠣張開之後，拿到濾網上把水分濾掉。
2 把蛤蠣、用湯底預先調味過的胡蘿蔔和綠色蔬菜放進碗裡，倒入用鹽調味的蛤蠣高湯，再添上薄削的柚子皮。
※蛤蠣高湯熬製法／相對於5顆蛤蠣，加入500㎖的水、5cm方形昆布、50㎖的酒並加熱，待蛤蠣稍微張開之後，取出昆布、蛤蠣。仔細地去除浮沫之後，關火過濾。

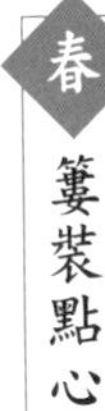

18頁

◎鰻魚蛋卷
【作法】配合煎蛋器的大小，將蒲燒鰻魚縱切成約4等分。參照高湯蛋卷（118頁）的作法，並將蒲燒鰻魚放在中心的位置煎，煎好之後放到捲簾上捲出形狀，切成方便食用的大小。

◎梭魚兩褄燒
【作法】準備處理好的梭魚，浸泡祐庵地醬汁（參照133頁）約30分鐘入味，擦去水分後，將魚肉兩端向內折並插上鐵串固定，烤至金黃酥脆。最後整體淋上祐庵地醬汁，並快速炙燒過。

◎白鯧西京燒
【材料】白鯧　味噌醃床（比例／白味噌10、味醂1、酒1）
【作法】在白鯧魚塊上稍微撒點鹽，擦去多餘的水分。醃漬在味噌醃床裡1、2天入味，取出後擦去味噌，烤至金黃酥脆並注意不要烤焦。

◎帆立貝干貝淋醬燒
【作法】於帆立貝表面用菜刀劃鹿紋，用酒醬油烤得香酥可口。

◎蠟燒烏賊
【作法】烏賊表面用菜刀劃鹿紋，像縫衣服般插入鐵串，讓烏賊不要蜷曲起來。快速將烏賊直接烤過，再用刷子遍塗上加鹽攪拌過的蛋黃，烤到變乾的程度。重複這道手續2、3次並烤出光澤後，切成方便食用的大小。

◎天婦羅（蠶豆、草蘇鐵嫩芽）
【材料】蠶豆　草蘇鐵嫩芽　麵粉　天婦羅麵衣（麵粉、蛋黃、水）
【作法】蠶豆快速鹽煮過。將生草蘇鐵嫩芽直接切半。分別撒上麵粉、沾上天婦羅麵衣（參照120頁）油炸。

◎串燒稚香魚

【作法】香魚用水洗過之後，仔細擦去水分，插入一根青竹竹籤。兩面撒上薄薄的鹽，用大火遠火燒烤。

◎鹽煮蠶豆

【作法】從豆莢裡取出，鹽煮出漂亮的顏色，挑掉薄皮後即可使用。

◎牛肉八幡卷

【作法】牛蒡用棕刷刷洗除去表面的髒污，配合鍋子的大小切好之後，用洗米水預先煮過並泡水。冷卻後用八方高湯（參照130頁）煮過，直接放涼讓味道滲透進牛蒡裡。讓牛蒡的一端保持連接，縱切成5、6條。用牛肉把牛蒡捲起來，捲完後固定住，用平底鍋做醬燒（參照134頁）。

◎醬油醃漬山葵葉

【作法】將山葵葉放入密閉容器，淋上熱水去除澀味後，浸泡用高湯8、淡味醬油1、味醂0.5的比例調配的醃漬醬汁裡。

◎燉煮捲豆腐皮

【作法】從一端將豆腐皮鬆散地捲成棒狀，插入鐵串後，烤到微焦的程度，分切成3、4cm寬，用淡味八方高湯（參照112頁）煮過。

※也可以用酒1、味醂1、濃味醬油0.8、砂糖少量的比例來炊煮捲豆腐皮，做成當座煮※21。

◎燉煮胡蘿蔔

【作法】胡蘿蔔切成大原木狀，用洗米水預先煮過之後，再用八方高湯（參照130頁）煮入味。

◎山椒嫩芽涼拌竹筍

【材料】竹筍　山椒嫩芽味噌（山椒嫩芽20株、雞蛋味噌50g、青菜顏色1/2小匙）

【作法】準備好去除澀味的竹筍，用湯底八方高湯煮過入味。製作山椒嫩芽味噌。將切碎的山椒嫩芽放入研缽裡磨碎，加入雞蛋味噌（參照133頁）、青菜顏色攪拌。竹筍切成一口大小，拌入適量的山椒嫩芽味噌。

※青菜顏色的製作方法／將菠菜、蘿蔔葉等綠色蔬菜與鹽放入研缽裡，仔細研磨、攪拌後加水，再篩過濾出菜汁。將它倒入沸騰的熱水裡，撈出浮上來的綠色部分，放入布裡擰過。如果密封起來的話也可以冷凍保存。

◎櫻香壽司

【作法】將壽司飯（參照134頁）捏成金幣的形狀，用鹽漬櫻花葉包起來。

◎伽羅蜂斗菜

【作法】準備好較細的蜂斗菜，剝皮後扭成一束切小段（3cm左右）並弄乾。用熱水煮過煮發之後，用酒2、醬油1、味醂少量的比例炊煮。如果想要保存久一點，就增加醬油的比例。

◎蜜煮楊梅（參照140頁）

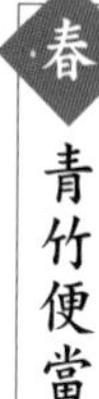

青竹便當

19頁

◎鰻魚蛋卷

【材料】蛋液（比例／雞蛋3、高湯1、淡味醬油、味醂、鹽各少量）　蒲燒鰻魚

【作法】配合煎蛋器的寬度將蒲燒鰻魚縱切成約4等分。把蒲燒鰻魚放在中心位置，用與高湯蛋卷（參照118頁）相同的要領煎過，切成方便食用的大小。

◎圓鱈西京燒

【材料】圓鱈　味噌醃床（比例／白味噌10、味醂1、酒1）

【作法】圓鱈稍微撒點鹽，放置一會後擦去水分。將圓鱈放入味噌醃床裡醃漬入味後，從醃床內取出並擦去多餘的味噌，把兩面煎得金黃酥脆。

◎旨煮日本九孔

【材料】日本九孔　湯汁（比例／高湯8、酒2、淡味醬油2、味醂0.8、砂糖少量）

【作法】日本九孔用鹽搓揉之後，從殼裡把貝肉取出並切除嘴部，再用湯汁燉煮。最後放回洗淨的殼裡。

◎芝煮蝦

【材料】竹節蝦　湯汁（比例／高湯4、煮去酒精的酒2、淡味醬油0.6、濃味醬油0.2、味醂0.8　薑）

【作法】竹節蝦去除腸泥後燙白，用湯汁快速煮過之後取出。當湯汁放涼後，再將竹節蝦放回湯裡入味。

◎燉煮鯛魚子

【材料】鯛魚子　湯汁（比例／高湯10、酒2、味醂0.8、淡味醬油0.8、砂糖1、鹽少許）　細薑絲

【作法】鯛魚子切去血塊，用菜刀在薄皮上劃過，用熱水燙白，讓它像開花一樣展開，浸泡冷水後移到濾網上過濾。將湯汁的材料煮滾，放入鯛魚子、細薑絲後，再用中小火煮。

※21：當座有即席、短暫時間的意思，當座煮就是用酒、鹽等調味料煮過，讓料理能保存一小段期間，因此被稱為當座煮。

◎小芋頭煮物

【作法】切除頭尾之後，切成六角形並剝皮，用洗米水預先煮過後泡水，再用白八方高湯煮入味。

◎蜂斗菜煮物

【作法】配合鍋子的大小切好，撒鹽並在砧板上搓揉之後，用熱水煮出漂亮的顏色，浸泡冷水冷卻，剝皮之後再次泡入蔬菜八方高湯裡。

◎胡蘿蔔煮物

【作法】切成花的模樣，用洗米水預先煮過之後，用蔬菜八方高湯煮過。

◎茄子煮物

【作法】在茄子表面劃下格子狀的刀痕，用八方高湯炊煮。

◎蓮藕煮物

【作法】蓮藕剝皮之後做成花形蓮藕，用洗米水預先煮過之後，用淡味八方高湯煮入味。

◎牛蒡煮物

【作法】用棕刷之類的器具刷洗掉表面的髒汙後切成圓片，煮得稍硬後泡水，再用八方高湯快速煮過，就這樣直接放涼入味。

◎柔煮章魚（參照131頁）

◎各式麵衣炸帆立貝干貝

【材料】帆立貝干貝　麵粉　蛋白　美人粉　黃身衣

【作法】

1 帆立貝柱拍上麵粉、浸泡蛋白之後，撒上美人粉或黃身衣油炸。

2 分別於整體撒點鹽。

※ 黃身衣是用2顆蛋黃的量比1杯麵粉、1杯水混合而成。

◎烏賊黃身燒

【材料】烏賊　黃身燒衣（比例／蛋黃2顆量、味醂2小匙、鹽1/3小匙）

【作法】在烏賊表面用菜刀劃鹿紋，稍微撒點鹽和酒，快速地預先煎過。在劃有刀痕的一面塗上黃身衣，煎到輕微炙燒的程度。重複這道手續2、3次，直到煎成金黃色。

◎三色卷壽司

【作法】

1 製作「麵包卷壽司」。準備三明治用的吐司並將它壓過。醃蘿蔔乾細切之後泡淡鹽水去鹽，浸泡在甘醋（參照135頁）裡。香腸煮過之後細切。將綠色蔬菜煮過。把壽司飯（參照134頁）鋪在捲簾上，擺上醃蘿蔔、香腸、綠色蔬菜後捲起來。用麵包捲起來後，用平底鍋滾動它，將接合處固定，切成方便食用的大小。

2 製作「朧昆布卷」與「利久卷」。準備好竹筴魚或鯖魚等泡過醋的魚類並切成細長。依個人喜好，連同切絲的青紫蘇葉或細切的醃漬物一起捲起來，撒上朧昆布與白芝麻，切成方便食用的大小。

◎鹽煮蠶豆

【作法】從豆莢內取出，鹽煮成漂亮的顏色後剝去薄皮。

◎紅酒醃漬樂京（參照164頁）

夏　原木長方形雙層便當　20頁

上層

◎虎鰻子與小芋頭的養老涼拌※22

【材料】虎鰻子　小芋頭　日本山藥泥　毛豆

【作法】分別將虎鰻子與小芋頭做好預先處理後，用八方高湯炊煮。把小芋頭稍微弄爛。日本山藥泥用鹽和醬油調味，拌上虎鰻子與小芋頭。再用煮過的毛豆當配料。

◎高湯蛋卷

【材料】蛋液（比例／雞蛋3、高湯1，淡味醬油、鹽、味醂各少量）

【作法】雞蛋加入高湯、調味料打散成蛋液。熱好煎蛋鍋之後抹上薄薄的一層油，倒入少量的蛋液煎，當蛋液開始凝固時，從對側往前捲起來。讓捲起來的蛋滑到對側後，再次倒入蛋液並以同樣方式捲起來。重複數次這道手續後，放到捲簾上做出形狀。

◎星鰻綠蘆筍卷

【材料】星鰻　綠蘆筍　醬料（比例／濃味醬油1、溜醬油0.2、酒1、砂糖0.5，加熱熬煮到剩下約2成左右）

【作法】綠蘆筍鹽煮後縱切成對半，浸泡蔬菜八方高湯。以適當的寬度將它束起來。星鰻切開並去除皮上的黏液，在一端保持連接的狀態下撕開成松葉的模樣，以皮為表面，捲在綠蘆筍上。兩端用竹皮之類的材料綁起來，插入鐵串烤過。烤出金黃色後，一邊淋上醬料一邊燒烤。

※22：養老泛指用到山藥泥的料理。

◎手綱蒟蒻、秋葵、甜椒、樹葉形狀的胡蘿蔔、烤玉米筍、蠶豆

【作法】

1 秋葵用鹽搓揉，再用熱水煮出漂亮的顏色後，浸泡蔬菜八方高湯。

2 甜椒切成長片，快速燙過之後，浸泡蔬菜八方高湯。

3 將樹葉形狀的胡蘿蔔預先煮過之後，浸泡蔬菜八方高湯。

4 玉米筍烤出金黃色後，浸泡在八方高湯裡。

5 把蠶豆煮出漂亮的顏色。

◎芝煮竹節蝦

【材料】 竹節蝦　湯汁（比例／高湯4、煮去酒精的酒2、淡味醬油0.6、濃味醬油0.2、味醂0.8）

【作法】 竹節蝦去除腸泥之後剝殼，過熱水燙白，用湯汁快速煮過之後取出。把湯汁放涼之後，放回取出的竹節蝦入味。

◎帆立貝干貝黃身燒

【材料】 帆立貝干貝　黃身衣（比例／蛋黃2顆量、味醂2小匙、鹽1/3小匙）

【作法】 用菜刀在帆立貝干貝的其中一面劃上鹿紋，灑點酒和鹽，再預先稍微烤過。塗上適量的黃身衣，以烤乾表面的程度用小火烤過。表面烤乾之後，反覆塗上黃身衣，同時烤成金黃色。

◎燉煮小芋頭

【作法】 小芋頭剝皮之後預先煮過，再用湯汁（參照130頁）燉煮。

◎柔煮章魚

【材料】 煮章魚的湯汁（比例／高湯8、酒2、砂糖1、濃味醬油0.8、溜醬油0.2、味醂0.2）

【作法】 章魚腳快速過熱水之後，用流水仔細洗去黏液和髒污。在鍋裡混合好湯汁的材料後加熱，煮滾之後放入章魚腳，蓋上落蓋用小火確實煮到章魚變軟為止。

◎燉煮香菇

【材料】 乾燥香菇　湯汁（比例／高湯10、煮去酒精的酒1、煮去酒精的味醂1、濃味醬油1）

【作法】 乾燥香菇泡水一個晚上泡發，用湯汁仔細燉煮。

下層

◎五種壽司

（蛇籠蓮藕、蒲燒鰻魚、燒霜虎鰻配梅肉、姬壽司、塞餡料的甜辣椒）

【作法】

1 製作「蛇籠蓮藕壽司」。把蓮藕削成蛇籠狀※23之後浸泡甘醋，切成4、5cm寬，像要捲起壽司飯那樣，擺在捏成方便食用大小的壽司飯上，再點上芥末醋味噌。

2 製作「蒲燒鰻魚壽司」。蒲燒鰻魚切成4、5cm寬，擺在捏成方便食用大小的壽司飯上，用煮過的鴨兒芹的莖綁上相生結※24。

3 製作「燒霜虎鰻配梅肉壽司」。以留下一層皮的要領，將處理好的虎鰻骨切後，切成約3cm寬。用噴槍把表面燒出金黃色。在捏成方便食用大小的壽司飯上擺放虎鰻，再擺上梅肉。

4 製作「姬壽司」。在壽司飯裡混入櫻花蝦後捏成壽司。

5 製作「塞餡料的甜辣椒壽司」。甜辣椒煮出漂亮的顏色後切開，去除種籽。擺上壽司飯，再將味噌醃漬的胡蘿蔔、小黃瓜等擺在中間捲起來，切成方便食用的大小。

◎醃漬物

（醃漬白菜卷、甘醋醃漬薑、鮮菇時雨煮）

【作法】

1 用醃漬白菜把泡過鹽水去鹽的醃蘿蔔、胡蘿蔔醃漬物捲起來，切成方便食用的大小。

2 薑整個淋過熱水後撒上鹽，冷卻之後把鹽洗掉，浸泡到甘醋（比例／醋1、高湯1、砂糖0.4、味醂0.1、鹽少量）裡。

3 「鮮菇時雨煮」是把喜歡的菇類煎過之後，連同薄切的薑、山椒果實一起，用同比例的酒、味醂、濃味醬油搭配成的湯汁炊煮。

※23：蓮藕剝皮之後，從有孔洞的一面柱剝切，切到中間剩下細細的圓柱形。

※24：相生結就是將兩種食材以U字纏上後綁在一起。

原木六角形雙層便當

22頁

上層

◎生魚片

（冰鎮燙虎鰻、削切鯛魚、涮竹節蝦、烏賊、蘘荷、迷你秋葵）

【材料】虎鰻、鯛魚、竹節蝦、烏賊、蘘荷、迷你秋葵

【作法】

1 將處理好的虎鰻以留下一層皮的感覺骨切，再分切成約3㎝寬。在沸騰的熱水裡加入少許鹽巴，將骨切後的海鰻的帶皮側快速浸泡過熱水，當魚肉像炸裂開般變白之後撈起，放入加酒的冷水裡冷卻，冷卻之後取出，擦去水分並添上梅肉。

2 將處理好的鯛魚上身做成削切生魚片。

3 竹節蝦去除腸泥之後，頭尾留下一節並剝殼，把背部切開之後，快速燙白。

4 把切整塊的烏賊做成細條生魚片。

◎南瓜煮物（參照132頁）

◎牛蒡漢堡排

【作法】準備好牛、豬的混合絞肉，取一半用味噌、醬油、砂糖調味，加入敲打過的牛蒡做成肉燥狀。混入剩下的混合絞肉，做成扁平的圓形後，將兩面煎過。

◎烤味噌香魚

【作法】香魚切開背部後，塗上蓼味噌※25並弄回原來的模樣，烤到金黃酥脆。

◎甘醋醃漬花瓣形狀的薑

【材料】薑 鹽 甘醋（比例／醋1、高湯1、砂糖0.4、味醂0.1、鹽少量）

【作法】薑切成花瓣的形狀，整個淋上熱水後撒上滿滿的鹽，冷卻之後把鹽洗掉，浸泡甘醋。

◎冬瓜蝦卷

【作法】冬瓜剝皮之後切薄片，用白八方高湯炊煮。蝦子插入竹籤拉直，用芝煮（參照115頁）的調味料炊煮之後剝殼，搭配冬瓜的大小切開。用冬瓜把蝦子捲起來。

◎高湯蛋卷

【材料】蛋液（比例／雞蛋3、高湯1、淡味醬油、味醂、鹽各少量）

【作法】雞蛋加入高湯、調味料仔細打散。預熱煎蛋鍋，抹上一層薄薄的油，倒入少量的蛋液煎，煎好之後從對側向前捲起來。讓捲起來的蛋滑到對側後再次抹上油，倒入蛋液並用同樣的方式捲起來。重複這道手續幾次之後，移到捲簾上捲起來。

◎甘醋醃漬花形蓮藕（參照117頁）

◎旗魚淋醬燒

【作法】將旗魚浸泡在用同比例的醬油、酒、味醂製成的醬料裡約30分鐘，擦去水分之後把兩面煎過，最後淋上醬料再次炙燒過。

◎美乃滋梅子醋涼拌干貝番茄盅

【作法】干貝酒煎之後，剝散得稍微粗一點。拌上用美乃滋與梅子醋混合成的調味料，塞入番茄挖去果肉的部分，配上黃身朧昆布與豌豆仁。

◎星鰻鳴門卷

【作法】用菜刀的刀刃刮去星鰻皮上的黏液，橫切對半。用刷子把太白粉沾在帶皮的那一側上，魚肉朝外捲起來後，用切得細細的竹皮之類的材料綁起來固定。將湯汁（比例／高湯8、酒2、味醂1、砂糖0.5、淡味醬油0.3、鹽少量）與捲起來的星鰻放入鍋裡，蓋上落蓋煮過之後，切成適當的寬度。

◎松葉插白帶魚黃身燒與蝦

【作法】白帶魚（上身）帶皮側朝內，將魚肉兩端向內摺並插上鐵串後直接烤過，一邊反覆塗上2、3次黃身燒衣（參照134頁），一邊烤出漂亮的顏色。蝦子去除腸泥後鹽煮並剝殼。將松葉插在白帶魚和蝦子上。

下層

◎炙燒生牛肉配山藥泥

【作法】牛肉撒上鹽、胡椒，把兩面快速煎過之後切成一口大小。在容器裡鋪上一層用甘醋調味並敲打過的山藥，擺上牛肉，再用蔥白當配料。

◎金平豆腐皮

【作法】把乾豆腐皮泡水稍微泡發之後，用酒、醬油、味醂炒煮。酒與醬油採相同比例，味醂則依個人喜好調整後加入。

※25：蓼葉磨成泥之後，加入砂糖、白味噌、味醂、酒等調味料製成。

◎烤虎鰻與烤香魚的棒壽司

【作法】

1 處理好的虎鰻骨切之後，插入竹籤直接烤過。魚肉烤出金黃色後，淋上熬煮到剩下2成左右的醬料〔比例／濃味醬油1、溜醬油0.2、酒1、砂糖0.5〕烤過。虎鰻皮朝下放在濕布上，擺上做成棒狀的壽司飯（參照134頁）包起來。用捲簾捲出形狀後，切成方便食用的大小。

2 製作香魚的一夜干。香魚分切成一整片，浸泡在加入昆布的酒鹽（水2、酒1，鹽分約為5％）裡約2小時之後，將兩面煎過。與**1**的虎鰻壽司一樣，捲出形狀後切成方便食用的大小。

◆羊棲菜蕎麥麵冷鉢　淋飲用醋

【作法】羊棲菜蕎麥麵煮過之後，放入冷水清洗。蓴菜快速煮過之後浸泡冷水。溫泉蛋則是用68℃的熱水將雞蛋煮個20分鐘。按順序把羊棲菜蕎麥麵、蓴菜、溫泉蛋、敲打過的秋葵、煮過的蝦子裝入容器裡。在冷卻的湯底八方高湯（參照130頁）裡加入少量的醋之後倒入容器裡，再加入日本柚當配料。

原木松花堂便當

24頁

拼盤

◎蓮藕飛龍頭、茄子翡翠煮、竹節蝦、綠蘆筍

【作法】

1 飛龍頭參照115頁來製作，但這裡要加入去除水分的蓮藕泥，而裡面的配料也用到了切成小方塊的蓮藕。炸好的飛龍頭用八方高湯炊煮。

2 茄子剝皮剝成條紋相間的模樣，用油炸過之後去油。用八方高湯炊煮。

3 竹節蝦去除腸泥之後剝殼。將背部切開。用芝煮的湯汁快速炊煮過。

4 綠蘆筍鹽煮後，浸泡蔬菜八方高湯。

5 把1～4的材料裝進容器裡，淋上溫熱過的八方高湯。

八寸

◎小袖高湯蛋卷

【材料】蛋液〔比例／雞蛋3、高湯1，淡味醬油、味醂、鹽各少許〕

【作法】雞蛋加入高湯、調味料打散成蛋液。熱好煎蛋鍋之後抹上薄薄的一層油，倒入少量的蛋液煎，當蛋液開始凝固時，從對側往前捲起來。讓捲好的蛋滑到對側之後，再次抹上油並倒入蛋汁，用同樣方式往前捲。重複約3次之後，移到捲簾上做出形狀。

◎香魚一夜干

【材料】香魚　酒　鹽　昆布

【作法】香魚帶頭分切成1片，在加入昆布的酒鹽裡浸泡約2小時後風乾。烤至香脆後，切成方便食用的大小。

◎烤山藥

【作法】山藥帶皮直接炙燒，烤出恰到好處的金黃色之後，切成半月形。

◎章魚水晶

【作法】柔煮章魚（參照131頁）切成一口大小，用葛餅狀的食材包起來。

◎白帶魚捲蒜莖

【材料】白帶魚捲蒜莖的醬料〔比例／濃味醬油1、溜醬油0.2、酒1、砂糖0.5，熬煮到剩約2成製成〕

【作法】蒜莖煮過並留住咬勁。以白帶魚的皮為表面，繞上蒜莖做醬燒。

◎烏賊黃身燒

【材料】烏賊　黃身燒衣〔比例／蛋黃2顆量、味醂2小匙、鹽1/3小匙〕

【作法】用菜刀在烏賊表面劃鹿紋，稍微撒點鹽和酒，快速地預先烤過。在劃有刀痕的那一面塗上黃身衣，用稍微炙燒的程度烤過。重複這道手續烤過2、3次之後，切成方便食用的大小。

◎甘醋醃漬花瓣形狀的薑

【材料】薑　鹽　甘醋〔比例／醋1、高湯1、砂糖0.4、味醂0.1、鹽少量〕

【作法】薑切成花瓣形狀，整個淋過熱水之後撒上滿滿的鹽，冷卻之後把鹽洗掉，浸泡在甘醋裡。

◎醋漬蘘荷

【材料】蘘荷　鹽　甘醋〔比例／醋1、高湯1、砂糖0.4、味醂0.1、鹽少量〕

【作法】蘘荷用加了鹽的熱水快速煮過之後移到濾網上，冷卻後浸泡甘醋。

小菜

◎夏季時蔬凍

【材料】柔煮章魚（參照131頁）　南瓜　冬瓜　胡蘿蔔　小芋頭煮物

【作法】將柔煮章魚、南瓜、冬瓜、胡蘿蔔和小芋頭切丁成1.5cm左右，放入圓形的模具裡。把溶解的果凍與寒天煮融化之後，用比較稀的淡味八方高湯調味，冷卻後倒入圓形的模具裡，使其冷卻凝固。裝進容器裡，淋上芝麻醬汁。

飯類

◎番薯飯

【作法】番薯連皮一起蒸或煮過，切成小塊。白飯加入1成份量的糯米，以及酒、鹽各少許後炊煮。煮好之後混入番薯。

◎佃煮裙帶菜莖

【作法】將裙帶菜莖放入鍋裡，倒入湯汁（比例／酒3、濃味醬油1、味醂0.5）並保持食材露出水面後炒煮。

◆湯品

【材料】放入銀耳的真薯　魚翅（泡發）　冬瓜　蓮藕　湯底八方高湯　日本柚　秋葵

【作法】白肉魚的魚漿加入日本山藥、蛋白、酒、昆布高湯攪混，混入泡發的銀耳後蒸過。魚翅用加有蔥和薑的雞湯炊煮。冬瓜、蓮藕和胡蘿蔔用湯底八方高湯（參照130頁）炊煮。將真薯、冬瓜、蓮藕疊入碗裡，再盛入魚翅之後，倒入溫熱過的湯底，並用日本柚和秋葵當配料。

※真薯糊的作法參照134頁。

秋　松花堂便當

26頁

生魚片

◎三種燒霜生魚片（烏賊、帆立貝干貝、白帶魚）／絲瓜／醋橘

【作法】

1 烏賊劃下松笠紋，把表面快速烤過燒霜。
2 帆立貝的一面烤過之後燒霜並切半。
3 將處理好的白帶魚帶皮側烤過燒霜，切成方便食用的大小。
4 絲瓜切細長，放上青紫蘇葉後擺上烏賊、帆立貝、白帶魚，添加醋橘、花穗紫蘇。

煮物

◎茄子翡翠煮、樹葉形狀的南瓜、燉煮海老芋、白煮蕪菁、白煮小芋頭

【作法】

1 用菜刀在茄子皮上的數個地方劃幾刀，直接炸過之後迅速浸泡冷水，冷卻之後剝皮。放入八方高湯炊煮後，切成方便食用的大小。
2 南瓜做成樹葉形狀，削到留下一點皮呈斑點狀之後預先煮過，再用八方高湯炊煮。
3 海老芋去皮，預先煮過之後再用八方高湯炊煮。
4 蕪菁削皮削得稍厚一些，預先煮過之後再用白八方高湯炊煮。
5 芋頭切去頭尾，再切成六角形並去皮，用洗米水預先煮過之後，再用白八方高湯煮入味。

◎旨煮日本九孔

【材料】日本九孔　湯汁（比例／高湯6、酒2、濃味醬油1、味醂0.8、砂糖少量）

【作法】日本九孔用鹽搓揉之後，從殼裡取出並去除嘴部。用材料裡的湯汁炊煮。

◎蒟蒻時雨煮

【作法】蒟蒻切成長片，中間劃一刀並由內而外翻轉後，用稍濃的八方高湯炊煮。

◎薄蛋卷

【材料】蛋液（比例／雞蛋3、高湯1、淡味醬油、味醂、鹽各少量）

【作法】雞蛋加入高湯與調味料打散成蛋液，在鍋裡抹上一層薄薄的油薄煎雞蛋。疊上數層薄煎蛋捲起來，切成方便食用的大小。

◎梅粒果凍涼拌螃蟹

【作法】將蟹肉剝散後拌上二杯醋，再配上梅子果凍。

八寸

◎香魚味噌醃漬燒

【作法】香魚用水洗過之後，醃漬到味噌醃床裡。擦去多餘的味噌後，插上竹籤燒烤。

◎蠟燒圓鱈

【作法】準備一塊圓鱈並先直接烤過。準備好2顆蛋黃比1/3小匙鹽混合成的蛋液，料理裝盤時，塗在朝外的那一面炙燒。重複這道手續約3次，烤出鮮豔的光澤。

◎柔煮章魚

【材料】章魚腳　湯汁（比例／高湯8、酒2、砂糖1、濃味醬油0.8、溜醬油0.2、味醂0.2）

【作法】章魚腳快速過熱水之後，仔細地用流水洗去除黏液和髒污。在鍋子裡調配好湯汁的材料，加熱煮滾後放入章魚腳，蓋上落蓋用小火仔細煮個45分鐘～1小時左右，煮到章魚變軟為止。

◎栗子甘露煮（參照151頁）

◎秋刀魚壽司

【作法】秋刀魚三枚切之後醋漬，把帶皮側炙燒。壽司飯（參照134頁）混入炊煮過的山椒果實。將秋刀魚帶皮側朝下擺在布巾上，擺上捏成棒狀的壽司飯包起來。移到捲簾上做出形狀後，切成方便食用的大小。讓桂剝切的胡蘿蔔浸泡過薄鹽水後，擺在秋刀魚壽司上即可上桌。

◎五色炸蝦泥

【作法】蝦泥加入佛掌薯、蛋白、昆布高湯，搓圓成一口大小。拍上麵粉之後浸泡蛋白，撒上五色霰餅油炸。

◎鴻禧菇撒罌粟籽

【作法】鴻禧菇煮過之後，浸泡八方高湯入味，撒上罌粟籽。

※也可以在鴻禧菇上撒罌粟籽之後油炸。

◎烤蓮藕

【作法】蓮藕快速燙過之後，烤至恰到好處的金黃色。

飯類

◎葫蘆造型飯（白芝麻）／紅酒醃漬樂京

【作法】用葫蘆形狀的模具把白飯做出造型後，擺上炒白芝麻，添加紅酒醃漬的蕌頭。

◆湯品

【材料】豆腐皮茶巾絞　蝦子　番杏　金針菜　蘘荷

【作法】白肉魚的魚漿用佛掌薯、蛋白、昆布高湯調味，拌入切碎的黑木耳、百合根和銀杏，用豆腐皮包起來做成茶巾絞。用湯底八方高湯炊煮。蝦子剝殼並從腹部切開，用湯底八方高湯炊煮。將金針菜泡發、番杏顯色之後，分別浸泡湯底八方高湯。將豆腐皮茶巾絞、蝦子、金針菜、番杏裝入碗裡，倒入溫熱過的湯底八方高湯，配上戳刺過的蘘荷。

秋　松花堂便當

28頁

生魚片

◎削切鯛魚、三種蒟蒻生魚片

【材料】鯛魚（上身）　蒟蒻生魚片（近江紅蒟蒻　白板蒟蒻　豆腐皮蒟蒻）　青紫蘇葉　水前寺海苔　黃菊　醋橘

【作法】準備好鯛魚上身並削切。生魚片用的蒟蒻分別切成長片。在鋪有青紫蘇葉的容器裡，將鯛魚與蒟蒻生魚片搭配起來，添上水前寺海苔、黃菊、醋橘。

炊物

◎嫩煮葫蘆形狀的冬瓜

【作法】冬瓜薄薄地削皮，切成葫蘆的形狀。為了做出漂亮的顏色，用鹽搓揉之後，再用放有昆布的熱水預先煮過。最後用八方高湯煮入味。

※冬瓜用放有昆布的熱水煮過，是為了讓味道平淡的冬瓜帶有鮮味。

◎燉煮手鞠蘿蔔、胡蘿蔔、南瓜

【作法】將蘿蔔、胡蘿蔔、南瓜做成球形，分別預先煮過之後，用八方高湯煮透。

◎白煮白芋莖

【作法】將白芋莖去皮並浸泡薄鹽水泡軟，接著用加有蘿蔔泥汁液與鷹爪辣椒的熱水煮過之後泡水。八方高湯倒入鍋裡加熱，煮滾之後放入白芋莖快速煮過，浸泡放涼的八方高湯入味。

◎鴻禧菇煮物

【作法】鴻禧菇切除根部，一株一株剝散後預先煮過，再用八方高湯炊煮。

※鴻禧菇也可以直接炸過之後，用八方高湯炊煮。

◎燉煮鱈魚子

【材料】鱈魚子　湯汁（比例／高湯10、酒2、味醂0.8、淡味醬油0.8、砂糖1、鹽少許）　細薑絲

【作法】鱈魚子去除血塊後，用菜刀在薄皮上劃過，用熱水燙白讓它像開花一樣展開，浸泡冷水後移到濾網上過濾。把湯汁的材料煮沸之後，放入鱈魚子、細薑絲，用中小火煮。

八寸

◎鰤魚西京燒

【作法】準備好鰤魚魚塊，參照116頁用味噌醃漬。擦去多餘的味噌後，把兩面烤過。

◎鹽煮蝦

【作法】去除竹節蝦的腸泥後鹽煮，剝殼之後切去頭尾兩端並整理形狀。

◎秋刀魚八幡卷

【材料】秋刀魚　牛蒡　醬料（比例／濃味醬油2、溜醬油0.2、酒1、砂糖0.5）加熱之後，熬煮到剩下約2成的程度

【作法】牛蒡切成約20㎝，在讓一端維持連接的狀態下切成5、6條，預先煮過之後，再用八方高湯炊煮並冷卻。秋刀魚三枚切，其中一塊像松葉一樣分切成2片。讓皮朝外，稍微鬆散地將牛蒡纏繞起來，捲完之後固定住，並先直接烤過。接著一邊淋滿醬料一邊燒烤。

◎烤香菇

【作法】生香菇切除根部後，撒上鹽，把兩面都烤過。

◎栗子澀皮煮

【作法】只剝去外面的硬皮後，將栗子預先煮過。在栗子甘露煮的湯汁裡加入少量濃味醬油，調製出風味極佳的湯汁後燉煮。

◎松葉插銀杏

【作法】銀杏去殼，鹽煎之後剝去薄皮，插上松葉。

◎甘醋醃漬蘘荷（參照168頁）

飯類

◎飯糰（黃菊、紫菊、紅紫蘇粉）、淺漬蘿蔔

【作法】分別拔去黃菊和紫菊的花瓣，用加入少許醋的熱水快速燙過，馬上浸泡冷水並擠去水分。分別將黃菊、紫菊適量地鋪在保鮮膜上，擺上白飯後捏圓做出形狀。紅紫蘇粉飯糰則是把白飯捏圓做出形狀之後，撒上紅紫蘇粉。添上切成方便食用的大小並用菜刀拍打過的蘿蔔醃漬物。

秋 桶裝便當 30頁

◎海老芋田樂燒※26

【材料】海老芋　竹節蝦　柔煮章魚（參照131頁）　生香菇　鴻禧菇　肥鵝肝味噌

【作法】

1 海老芋帶皮直接將整顆蒸過。蒸軟之後切半，把中心挖空。挖出來的部分切成方便食用的大小。

2 竹節蝦去除腸泥後鹽煮，剝殼之後切成2～3塊。

3 生香菇切去根部後切成方便食用的大小，撒上鹽燒烤。鴻禧菇一株一株剝開，撒上一點鹽之後烤過。

4 將海老芋、竹節蝦、香菇、鴻禧菇、切成方便食用大小的柔煮章魚裝入1的海老芋盅裡，塗上肥鴨肝味噌，烤到帶點金黃色的程度。

※肥鵝肝味噌，是相對於肥鵝肝罐頭1.5，以雞蛋味噌（參照133頁）1、煮去酒精的酒0.3、煮去酒精的味醂0.2的比例調製而成。過濾完肥鵝肝之後，將全部的材料攪拌混合。

◎蓮藕塞山藥壽司

【材料】蓮藕　山藥壽司（日本山藥、蛋黃、砂糖、醋）

【作法】

1 蓮藕削成花形，用倒入少量醋的熱水煮過。

2 製作山藥壽司。將日本山藥切成適當的大小後蒸到變軟為止，並過篩。

3 將煮過的蛋黃篩過，搭配上2的日本山藥，加入砂糖、鹽、醋，攪拌到變得滑潤。

4 將山藥壽司塞進1的蓮藕的洞裡，切成4、5㎜厚的圓片。

◎甘醋醃漬蘘荷（參照168頁）

◎小袖高湯蛋卷

【材料】蛋液（雞蛋3、高湯1、淡味醬油、味醂、鹽各少量）

【作法】雞蛋加入高湯和調味料打散成蛋液，用與高湯蛋卷（參照118頁）同樣的作法煎好。

◎鯛魚龍皮昆布卷

【作法】準備好鯛魚上身，薄薄地削切之後，用白板昆布夾起來做成昆布漬。將昆布漬的鯛魚肉排放在龍皮昆布上，再把雞蛋絲與甘醋醃漬過的細薑絲放在中心，從一端一圈圈地捲起來捲成漩渦狀。暫時放置一會入味之後，分切成1㎝左右的厚度。

◎烏賊涼拌鮭魚子

【作法】準備烏賊上身，做成細切生魚片，拌上剝散的鮭魚子後，裝進容器裡，配上花穗紫蘇。

◎蝦子與白芝麻奶油綠蘆筍的柿子盅

【作法】準備好縱切對半的柿子，縱向薄切1片當成蓋子，把剩下的果肉挖空之後做成柿子盅。綠蘆筍煮出漂亮的顏色後，浸泡淡味八方高湯。把柿子裝進柿子盅裡，淋上白芝麻奶油，再配上綠蘆筍。

※白芝麻奶油是以芝麻糊為主體的滑潤涼拌調味料，也可以應用在芝麻涼拌或豆腐涼拌。

◎馬頭魚味醂干

【作法】將馬頭魚三枚切或是整個切開，浸泡以味醂2、濃味醬油1為比例的醃漬醬汁約3個小時，擦去水分之後風乾。烤過之後切成方便食用的大小。

※根據肉的厚度，調整馬頭魚的醃漬時間。

◎烤蔥

【作法】白蔥撒鹽後稍微烤出金黃色，切成適當的長度。

◎燉煮炸茄子

【作法】茄子斜劃下細刀痕後直接炸過，用熱水去油。在鍋裡把淡味八方高湯煮滾之後，放入茄子快速煮過並取出，再度放回冷卻的湯汁裡入味。

※26：田樂燒是指在食材上塗了味噌醬料後燒烤的料理。

◎煮浸帶卵香魚

【材料】帶卵香魚　水10杯　醋、番茶各適量　調味料（酒、味醂各1/2杯，濃味醬油1/4杯、溜醬油1大匙、砂糖4大匙）

【作法】將帶卵香魚直接烤過之後放入鍋裡，倒入水和醋，加入用紗布包起來的番茶並加熱，當番茶的顏色充分跑出來之後撈起，煮到香魚骨頭變軟了為止。熬煮到湯汁剩下約1/3的量之後，加入調味料繼續熬煮，煮出漂亮的光澤後切成方便食用的大小。

◎炸鴻禧菇

【作法】鴻禧菇去除根部之後一株一株切開，用八方高湯快速煮過。去除水分之後，將莖的部分沾上罌粟籽並直接炸過。

◎鹽煮蝦

【作法】蝦子去除腸泥之後鹽煮，剝殼之後切去頭尾兩端將形狀整理好。

◆飯類／菊花飯

【作法】紫菊與黃菊摘下花瓣後，用倒入少量醋的熱水煮過並泡水，擠去水分後混入白飯裡，裝進碗裡擺成一字的模樣。

◆湯品／紅味噌高湯（烤山藥、小米麩※27）

【作法】把烤至金黃色的山藥與小米麩裝進碗裡，倒入溫熱過的紅味噌高湯。

秋　竹簍便當

32頁

◎利休炸、美人粉炸馬頭魚

【材料】馬頭魚　麵粉　蛋白　美人粉　白芝麻

【作法】準備處理好的馬頭魚，切成一口大小。拍上麵粉後浸泡蛋白，分別撒滿白芝麻與美人粉後油炸。

◎土魠魚祐庵燒

【作法】準備土魠魚塊，參照137頁的作法，浸泡祐庵地醬汁約30分鐘之後把兩面烤過。

◎白鯧西京燒

【材料】白鯧　味噌醃床（比例／白味噌10、味醂1、酒1）

【作法】在白鯧魚塊上稍微撒點鹽，擦去多餘的水分。以味噌醃床、紗布、白鯧、紗布、味噌醃床的順序夾起來醃漬一個晚上，取出之後去除多餘的味噌，烤成漂亮的顏色。

◎蠟燒馬頭魚

【作法】準備馬頭魚魚塊，先直接烤過。準備好用2顆蛋黃比鹽1/3小匙混合的蛋液，料理裝盤時，塗在朝外的那一面上炙燒。重複這道手續約3次，做出漂亮的色澤。

◎蔬菜煮物（芋頭、蕪菁、南瓜、蓮藕、胡蘿蔔）

【作法】

1 芋頭切除頭尾之後，切成六方形並去皮，用洗米水預先煮過之後泡水，再用八方高湯煮入味。

2 蕪菁削皮削得稍厚一些，預先煮過之後，用八方高湯炊煮。

3 南瓜切成方便食用的大小，削去尖角削圓，去皮時稍微留下一點皮。預先煮過之後，用八方高湯炊煮。

4 蓮藕去皮之後切成花形蓮藕，用洗米水預先煮過之後，再用八方高湯煮透。

5 胡蘿蔔削皮之後，一邊旋轉一邊斜切，用洗米水預先煮過之後再用八方高湯煮。

◎燉煮簾麩

【作法】簾麩切成方便食用的大小之後，用八方高湯煮過。

◎芝煮蝦

【材料】湯汁（比例／高湯4、煮去酒精的酒2、淡味醬油0.6、濃味醬油0.2、味醂0.8）

【作法】竹節蝦去除腸泥之後剝殼，過熱水燙白後，再用湯汁快速煮過並取出。湯汁放涼後，放回取出的竹節蝦使其入味。

◎小芋頭配雙色雞蛋味噌

【作法】小芋頭用白八方高湯煮過之後，分別擺上雞蛋味噌（參照133頁）與鐵火味噌（參照134頁）烤得香酥可口。

◎秋刀魚八幡卷

【材料】秋刀魚　牛蒡醬料（比例／濃味醬油1、溜醬油0.2、酒1、砂糖0.5，加熱熬煮到剩下約2成製成）

【作法】

1 牛蒡表面用棕刷之類的器具刷洗，去除表面的髒汙，配合秋刀魚的大小切開後用洗米水煮過，用八方高湯煮入味。

2 把1的牛蒡用處理好的秋刀魚捲起來，插入鐵串之後烤過。整體烤出金黃色之後淋滿醬料，烤出漂亮顏色後拔去鐵串，分切成方便食用的寬度。

※27：生麩就是我們所說的麵筋。糯米麩就是加入糯米或糯米粉的麵筋，若是混入魁蒿或小米，就可做成綠色的蓬麩以及黃色的粟麩（小米麩）。

◎俵形飯糰（紅紫蘇粉、芝麻、青紫蘇葉）

【作法】白飯捏成米袋的形狀後撒上紅紫蘇粉。另一個飯糰則是在白飯裡混入切碎的芝麻和青紫蘇葉後，捏成米袋的形狀。將青紫蘇葉切得非常細並泡水，仔細擠去水分之後再使用。

◎涼拌滑子菇與地膚子、黃菊

【作法】滑子菇快速燙過之後，拌上地膚子與蘿蔔泥並淋上柚子醋。用煮過的黃菊作配料。

竹籠便當

34頁

◎蝦子、蘆筍和芝麻醋涼拌蓮藕的柿子盅

【材料】蝦子　綠蘆筍　蓮藕　金時胡蘿蔔　芝麻醋　柿子盅

【作法】

1 蝦子去除腸泥，鹽煮之後剝殼，切成方便食用的大小。
2 綠蘆筍鹽煮之後切成3、4㎝長。
3 蓮藕切成花的形狀後，用加入少許醋的熱水煮過。
4 金時胡蘿蔔削皮之後細切，預先煮過之後，用八方高湯快速煮過使其入味。
5 做好預先處理的材料去除水分之後，拌上芝麻醋，裝進柿子盅裡。

※芝麻醋的作法如下／用研缽將5大匙的炒芝麻磨到變黏糊，加入芝麻糊30㎖、煮去酒精的味醂15㎖、淡味醬油15㎖、高湯45㎖、砂糖15g、醋15㎖後，仔細攪拌到變得滑潤。

◎醬燒星鰻

【材料】星鰻（切開的）　醬料（比例／濃味醬油1、溜醬油0.2、酒1、砂糖0.5，熬煮到剩下約2成製成）

【作法】

1 星鰻去頭去尾後，用菜刀刮去皮上的黏液，插上竹籤，從帶皮側開始把兩面烤過做成白燒。
2 烤八分熟之後，一邊淋上醬料一邊烤出漂亮光澤。烤好之後拔去竹籤，切成方便食用的寬度。

◎秋刀魚有馬燒

【作法】準備處理好的秋刀魚，一邊淋滿加入山椒果實的燒烤醬料（參照133頁），一邊燒烤。

◎白鯧吟釀燒

【材料】白鯧　酒粕醃床※

【作法】準備好白鯧的肉塊，醃漬在粕床裡2、3天入味之後，把兩面烤過。

※酒粕醃床的作法／以酒粕4、白味噌6、味醂2的比例做準備。酒粕先以少量的酒溶解化開之後，再混入白味噌與味醂。

◎鴨里肌

【材料】合鴨（胸肉）　湯汁（比例／高湯8、紅酒2、濃味醬油0.3、番茄醬0.4、伍斯特醬0.3、砂糖0.4）

【作法】

1 在合鴨的皮側插上鐵串。
2 從1的帶皮側開始烤過，烤去適量的油脂並烤出金黃色之後，浸泡冰水。
3 在鍋子裡混合好湯汁的材料並加熱，煮滾時放入2的合鴨。蓋上紙蓋，用小火煮到中心只剩下一點淡紅色。
4 把3的合鴨里肌切片之後淋滿湯汁。

◎蔬菜煮物（茄子、蕪菁、牛蒡、南瓜、胡蘿蔔）

【作法】

1 在茄子皮上斜劃下刀痕後直接炸過，再用八方高湯炊煮。
2 蕪菁削皮削得稍厚一點，預先煮過之後，用八方高湯炊煮。
3 牛蒡用棕刷刷洗去表面的髒污之後，切成3、4㎝長，預先煮過之後泡水，再用八方高湯煮透。
4 南瓜薄薄地削皮之後切丁，削去尖角削圓之後預先煮過。將煮好的南瓜放入八方高湯裡，用中小火慢慢煮透。
5 胡蘿蔔切雕成樹葉形狀，預先煮過之後用八方高湯炊煮。

◎栗子甘露煮

【作法】栗子連薄皮也剝掉之後預先煮過，用水2比砂糖1的比例調配的糖漿做甘露煮。

秋

長方形雙層便當

36頁

上層

◎高湯蛋卷

【作法】預熱煎蛋鍋並抹上薄薄的一層油，倒入少量的蛋液（參照118頁）煎，煎好之後俐落地從對側向前捲起來。讓捲好的蛋滑到對側，再次倒入蛋汁並以同樣方式迅速地捲起來。重複這道手續幾次之後，用捲簾做出形狀。

◎燉煮飛龍頭

【材料】飛龍頭（參照115頁）　羊棲菜煮物　毛豆　淡味八方高湯（參照112頁）　溶入水裡的葛粉

【作法】

1 混入炊煮得較清淡的羊棲菜煮物與鹽煮過的毛豆，製作出有咬勁的飛龍頭。

2 用熱水去油之後，再用淡味八方高湯煮入味。湯汁裡加進溶入水裡的葛粉勾芡製成芡汁，最後淋在裝盤的飛龍頭上完成。

◎鮭魚昆布卷

【材料】鮭魚（上身） 昆布 湯汁（比例／高湯10、味醂1、砂糖1、濃味醬油1、醋0.2） 乾瓢

【作法】

1 配合昆布的寬度，將鮭魚切成棒狀。昆布泡醋泡軟後，把鮭魚擺在中心捲起來，捲完之後捲上泡發的乾瓢。

2 煮至收乾湯汁，呈現漂亮的光澤之後，切成方便食用的大小。

◎蔬菜田舍煮

【材料】蕪菁 牛蒡 芋頭 蓮藕 香菇 湯汁（比例／高湯6、酒2、味醂1、濃味醬油1、砂糖0.2）

【作法】蔬菜分別切成方便食用的大小後預先煮過，用稍濃一些的湯汁煮出好味道。

◎迷你秋葵

【作法】秋葵撒鹽後在砧板上搓揉，用熱水煮出漂亮的顏色後，浸泡湯底八方高湯。

◎金針菜

【作法】金針菜泡發之後浸泡湯底八方高湯。

◎甘煮茨菰

【作法】茨菰削去薄皮之後切去芽尖，將底部平平地切去之後，切成六角形並削皮，把皮削得稍厚一些，泡水並預先煮過。在鍋裡搭配好湯汁（參照132頁）的材料後放入茨菰慢慢燉煮。

◎芝煮竹節蝦（參照115頁）

◎燉煮簾麩

【作法】簾麩用八方高湯（參照130頁）煮出漂亮的顏色。

◎鮭魚有馬燒

【作法】準備好一個人約30g左右的鮭魚塊，一邊淋上有馬燒的醬料（參照133頁）一邊燒烤。

◎甘醋醃漬白蘆筍（參照117頁）

◎甘醋醃漬花形蓮藕（參照117頁）

◎栗子澀皮煮

【作法】栗子剝去硬皮之後預先煮過，用加入少量濃味醬油，調出好風味的湯汁燉煮。

◎楓葉形狀的胡蘿蔔（參照52頁）

◎干貝黃身煮

【材料】帆立貝干貝 麵粉 蛋黃 湯汁（比例／高湯6、味醂1、淡味醬油0.8、鹽少許、少量榨薑汁）

【作法】

1 帆立貝干貝用薄鹽水洗過，擦去水分後，撒滿麵粉並浸泡蛋黃。

2 混合好湯汁的材料並加熱，煮到快要煮滾時，放入泡過蛋黃的帆立貝干貝，蓋上落蓋，以煮熟表面蛋黃的程度快速煮過。

◎博多燒星鰻配袱紗卵※28

【材料】星鰻 雞蛋 四季豆 百合根 調味料（砂糖、鹽、淡味醬油、味醂）

【作法】

1 準備好白煮（參照131頁）過的星鰻。

2 雞蛋仔細打散之後加熱，中途加入鹽煮過的四季豆和煮過的百合根做成糊狀。

3 白煮星鰻的皮側朝下排列在蒸皿裡，倒入糊狀的蛋，用冒出蒸氣的蒸籠蒸約20分鐘。蒸好之後切成方便食用的大小。

◎百合根茶巾絞

【材料】百合根 調味料（砂糖、鹽） 蛋白 黑豆（甘煮過的）

【作法】準備好清理過的百合根，煮好之後篩過，趁熱加入砂糖、鹽、蛋白攪拌，用布擰成茶巾絞。中間擺上甘煮過的黑豆。

下層

◎黃身炸竹節蝦

【作法】竹節蝦去除腸泥之後剝殼，撒上薄薄的麵粉並浸泡黃身衣，用高溫油炸。

※黃身衣是用2顆蛋黃比上1杯麵粉、1杯水攪拌而成。

※28：將兩種以上不同顏色的食材重疊起來，做出博多織帶的花紋，這種料理被稱為博多燒，一般在擺設時會特意展現出它的切面。袱紗是日本特有的絲綢織物，袱紗卵取其柔軟之意，作法有點類似日式蛋卷，但是裡面多包了胡蘿蔔、香菇、豌豆等配料，味道較為豐富，也不需要將蛋捲起來的步驟。

秋　瓦帕便當

38頁

◎秋刀魚有馬燒

【作法】準備處理好的秋刀魚，一邊淋滿燒烤醬料（參照133頁）一邊燒烤。

◎松葉插西京醃漬萵筍

【作法】準備好去皮之後醃漬在味噌醃床（參照133頁）裡入味的萵筍，切小塊後插上松葉。

◎柔煮章魚

【作法】章魚腳過熱水之後用流水洗去黏液和髒污。將湯汁（參照131頁）的材料煮滾後，放入章魚並蓋上落蓋，用小火煮約45分鐘～1小時，直到把章魚煮軟為止。

◎柚子醋醃漬鴻禧菇

【作法】鴻禧菇清理之後一株一株切開，直接炸過之後浸泡柚子醋醬油。

◎紅酒醃漬樂京（參照164頁）

◎初霜涼拌羊棲菜

【作法】去除羊棲菜的髒汙後泡水泡發，用淡淡的味道炊煮之後，拌上豆腐涼拌調味料（參照135頁）。

◎造型栗子飯

【作法】栗子浸泡熱水泡軟，連同硬皮和薄皮都剝掉之後，煮成稍硬一點。將米洗過，用稍少的水加鹽之後，放入栗子炊煮得稍硬一點。煮好的栗子飯用造型模具壓製。

◎高湯蛋卷

【作法】準備好蛋液（參照118頁），在抹有薄薄一層油的煎蛋鍋裡倒入少量蛋液煎，當蛋液開始凝固時俐落地從對側向前捲起來。讓捲起來的蛋滑到對側，再次倒入蛋液並以同樣方式捲起來。重複這道手續數次之後，移到捲簾上做出形狀，切成方便食用的大小。

◎醬油醃漬鮭魚子金柑盅

【材料】鮭魚肚子裡的卵　醃漬汁（比例／煮去酒精的酒4、煮去酒精的味醂1、淡味醬油1）　金柑

【作法】鮭魚肚子裡的卵浸泡微溫的水，一粒一粒剝散後去除薄皮。浸泡醃漬汁入味之後，裝入金柑盅裡。

※用這個比例調配的醃漬汁，要趁還沒有醃漬太久之前吃掉。

◎雀燒小鯛魚

【作法】小鯛魚切成三塊，將帶皮側朝外並一圈圈地捲起來之後插入鐵串，浸泡酒鹽後烤過。

◎美人粉炸香菇

【材料】香菇　麵粉　蛋白　美人粉　白肉魚魚漿

【作法】

1 香菇去除根部，在菇傘內側拍上麵粉後，塞入白肉魚的魚漿。

2 將麵粉薄薄地撒在1的材料上之後，浸泡蛋白再撒上美人粉。

3 用中溫油炸2的材料，不要讓它變色。

◎照燒虎鰻

【材料】虎鰻　燒烤醬料（比例／濃味醬油1、溜醬油0.2、酒1、砂糖0.5）

【作法】

1 將處理好的虎鰻骨切之後插上竹籤，從帶皮側開始將兩面都烤過，做成白燒。

2 烤到八分熟之後，一邊淋上好幾次醬料，一邊烤到變乾的程度，做出漂亮的光澤。

※醬料是將材料混合之後加熱，熬煮到剩下約2成製成。

◎毛豆

【作法】毛豆用鹽搓揉過後鹽煮，切去兩端並整理形狀。

◎合鴨里肌

【作法】在合鴨的皮側插入鐵串，從皮側開始烤。烤去適當的油脂、烤出金黃色之後浸泡冰水。在鍋子裡混合好湯汁（參照133頁）的材料後加熱，煮滾之後放入合鴨，蓋上紙蓋，用小火煮到中心只剩下一點淡紅色。薄切成片後裝入便當盒。

◎葫蘆形狀的日本山藥

【作法】將山藥的鬚根烤過之後切成葫蘆形，用白八方高湯或是淡味八方高湯煮透。

◎手綱蒟蒻

【作法】把蒟蒻做成手綱蒟蒻，過熱水之後，用稍濃的湯汁（參照133頁）煮透，煮出好味道。

◎豆腐涼拌黑豆

【作法】準備好煮軟的黑豆，拌上豆腐涼拌調味料（參照135頁）後，裝到小盃裡撒上金箔。

◎甘醋醃漬白蘆筍

【作法】白蘆筍快速煮過之後，浸泡在混入梅子醋的甘醋（參照135頁）裡。

◎俵形飯糰（山藥豆飯、紅豆飯）

【作法】準備好以水泡軟的紅豆與糯米蒸成的紅豆飯。山藥豆飯則是把山藥豆用鹽搓揉之後蒸過，滾刀切成適當的大小。糯米用梔子花染色之後再用水炊煮，炊好之後混入山藥豆完成。把紅豆飯與山藥豆飯做成米袋飯糰的形狀。

秋 半月便當

40頁

◎小袖高湯蛋卷

【材料】蛋液〔比例／雞蛋3、高湯1，淡味醬油、味醂、鹽各少量〕

【作法】將蛋液的材料仔細打散。熱好煎蛋鍋並抹上薄薄的一層油，倒入適量的蛋液煎，從對側向前捲起來。讓捲起來的蛋滑到對側後，再次抹上油並倒入蛋液，以同樣方式捲起來。重複這道手續約3次後，移到捲簾上做成小袖和服的形狀。

◎芝煮竹節蝦

【材料】竹節蝦　湯汁〔比例／高湯4、煮去酒精的酒2、淡味醬油0.6、濃味醬油0.2、味醂0.8〕

【作法】竹節蝦去除腸泥之後剝殼，過熱水燙白，用湯汁快速煮過之後取出。湯汁放涼之後，再放回取出的竹節蝦使其入味。

◎秋刀魚有馬煮

【材料】秋刀魚　湯汁〔比例／濃味醬油1、酒1、味醂1、砂糖1〕　山椒果實

【作法】準備處理好的秋刀魚，快速將兩面烤過之後，加入湯汁熬煮。中途加入水煮山椒果實來煮出好風味。

◎柔煮章魚

【作法】章魚腳過熱水之後，用流水洗去黏液和髒汙。待湯汁（參照131頁）煮滾之後將章魚放進湯裡，蓋上落蓋，用小火仔細煮約1個小時。

◎美人粉炸蝦泥

【作法】準備好蝦泥，加入日本山藥、蛋白、鹽攪拌，做成好看的形狀。沾上麵粉、蛋白、美人粉並炸出漂亮的顏色。

◎馬頭魚一夜干

【作法】馬頭魚三枚切或切開後，浸泡放有昆布的酒鹽約2小時，去除水分之後風乾。烤至芳香可口之後，切成方便食用的大小。

※酒鹽是用水2比酒1，鹽則是加到約為海水濃度的程度。根據馬頭魚魚肉的厚度，調整醃漬時間。

◎栗子甘露煮

【作法】栗子連薄皮一起剝掉之後預先煮過，用水2比砂糖1的比例調配成的糖漿做甘露煮。

◎松葉插銀杏

【作法】銀杏從殼裡取出，用油炸過之後剝去薄皮，插上松葉並撒鹽。

◎蜜煮楊梅（參照140頁）

◎蔬菜煮物

【作法】南瓜、牛蒡、胡蘿蔔、蒟蒻切成方便食用的大小後預先煮過，再分別燉煮過。添上顯色之後再浸泡蔬菜八方高湯的絹莢豌豆。

◎燉煮飛龍頭

【作法】製作飛龍頭（參照115頁），淋上熱水去油後燉煮。

◎燉煮簾麩

【作法】簾麩切成方便食用的大小，預先煮過之後再燉煮。

◎楓葉形狀的胡蘿蔔（參照52頁）

◎銀杏形狀的黃甜椒（參照52頁）

◎三色俵形飯糰（鮮菇炊飯、黃菊、紫菊）

【作法】準備鮮菇炊飯，以及加入少量醋後，煮出漂亮顏色的黃菊與紫菊混合成的三色飯，捏成米袋飯糰的形狀。

◎初霜涼拌羊棲菜

【作法】準備好用淡淡的味道炊煮過的羊棲菜，去除水分之後，拌上豆腐涼拌調味料（參照135頁）後，裝入小菜碟裡。

◆松茸土瓶蒸

【材料】松茸　竹節蝦　烤蔥　銀杏　湯底〔高湯8杯、鹽2小匙、酒0.2杯、淡味醬油1大匙〕　醋橘

【作法】松茸削去根部後薄切，用湯底八方高湯快速煮過。竹節蝦去除腸泥之後，用加入少量鹽的熱水煮過。在土瓶裡裝入松茸、竹節蝦、烤蔥、銀杏，倒入熱騰騰的湯底，再添上醋橘。

秋

圓形雙層便當

42頁

◎鮭魚有馬燒

【作法】準備好一個人約30g左右的鮭魚塊，將兩面快速烤過之後，倒入燒烤醬料（參照133頁）與水煮山椒果實，一邊沾上一邊熬煮。

◎小袖高湯蛋卷

【材料】蛋液（比例／雞蛋3、高湯1，淡味醬油、味醂、鹽各少量）

【作法】將蛋液的材料仔細打散。熱好煎蛋鍋並抹上一層薄薄的油，倒入適量的蛋液煎，從對側向前捲起來。讓捲起來的蛋滑到對側，再抹上一層油並倒入蛋液，以同樣的方式捲起來，重複這道手續約3次之後，移到捲簾上做出小袖和服的形狀。

◎香菇利休炸

【材料】香菇　麵粉　蛋白　白炒芝麻　白肉魚魚漿

【作法】

1 香菇去除根部，在菇傘內側拍上麵粉，塞入白肉魚的魚漿。

2 將麵粉薄薄地撒在1的材料上之後，浸泡蛋白並撒上芝麻。

3 用中溫油炸2的材料，不要讓它變色。

◎白煮星鰻

【材料】星鰻　湯汁（比例／高湯8、酒2、味醂1、砂糖0.5、淡味醬油0.3、鹽少量）

【作法】星鰻切開之後去除黏液，在湯汁煮沸時放進去快速煮過，切成方便食用的大小。

◎白燒虎鰻

【作法】將處理好的虎鰻骨切並插上竹籤，撒上鹽之後，從帶皮側開始把兩邊都烤過做成白燒。

◎旨煮日本九孔

【材料】日本九孔　湯汁（比例／高湯6，酒2、淡味醬油1、味醂0.8、砂糖少量）

【作法】日本九孔用鹽搓揉去除髒汙，從殼裡取出貝肉並去除嘴部。用菜刀在貝肉表面劃鹿紋，混合好湯汁的材料並煮滾，再放進去入味。

◎鮭魚昆布卷

【材料】鮭魚（上身）　昆布　湯汁（比例／高湯10、味醂1、砂糖1、濃味醬油1、醋0.2）　乾瓢

【作法】配合昆布的寬度把鮭魚切成棒狀。昆布泡醋泡軟，把鮭魚擺在中間再鬆散地捲起來。用泡發的乾瓢綁起來後，用湯汁仔細地炊煮入味。

◎柚子醋醃漬鴻禧菇、香菇

【材料】鴻禧菇　香菇　柚子醋醬油

【作法】鴻禧菇去除根部之後一株一株切開，香菇去除根部之後，切成適當的大小。分別快速地直接炸過之後去油，浸泡柚子醋醬油。

◎四季豆

【作法】四季豆去筋後切去頭尾兩端，撒上鹽並用熱水煮過，泡過冷水後浸泡八方高湯。

◎甘醋醃漬花形蓮藕

【作法】蓮藕用棕刷洗去髒污之後切成花的模樣，薄切並泡水之後，用加入少量醋的熱水煮到留住咬勁的程度，浸泡甘醋（參照135頁）。

◎黃甜椒

【作法】切除蒂頭並去除種籽後，切成薄薄的長片，快速煮過之後浸泡八方高湯。

◎鮮菇炊飯

【材料】米　鴻禧菇　炊飯高湯（比例／高湯14、酒1、味醂0.8、淡味醬油1、鹽少量）　雞蛋絲

【作法】

1 米洗過之後移到濾網上。

2 菇類分別清理過之後，切成方便食用的大小，快速過熱水之後，再用炊飯高湯迅速煮過。

3 用同量的米搭配上2的湯汁，擺上迅速煮過的菇類後炊煮。

4 炊煮好之後大致攪拌一下並蒸過，裝到容器裡，遍撒雞蛋絲，再配上山椒嫩芽。

小盒便當

44頁

◎鹽燒鯛魚

【作法】準備鯛魚魚塊，表面撒上薄薄的鹽後烤到金黃酥脆。

◎白鯧西京燒

【材料】白鯧　味噌醃床（比例／白味噌10、味醂1、酒1）

【作法】

1 在白鯧魚塊上稍微撒點鹽，擦去多餘的水分。

2 以味噌醃床、紗布、白鯧、紗布、味噌醃床的順序夾起來醃漬一個晚上，去除多餘的味噌之後，插上鐵串烤出漂亮顏色。

◎蠟燒秋鮭

【材料】鮭魚（上身） 預先烤過的醃漬醬料〔比例／酒1、味醂1、淡味醬油1〕 黃身衣〔蛋黃2顆量、味醂2小匙、鹽1/3小匙〕

【作法】

1 秋鮭稍微撒點鹽，放置一會之後，浸泡預先烤過的醃漬醬料。

2 從醃漬醬料裡取出，快速地直接烤過之後，一邊反覆塗上蛋黃衣2、3次，一邊烤出光澤。

◎燉煮蓬麩

【作法】蓬麩炸過之後用熱水去油，再用淡味八方高湯快速煮透。

※注意煮的時候不要用大火。

◎煮浸帶卵香魚

【材料】帶卵香魚 水、醋、番茶各適量 調味料〔酒、味醂各1/2杯、濃味醬油1/4杯、溜醬油1大匙、砂糖4大匙〕

【作法】

1 帶卵香魚直接烤過之後放入鍋裡，倒入較多的水和醋，加入用紗布包起來的番茶並加熱，當番茶的顏色充分跑出來後撈起，煮到香魚的骨頭變軟了為止。

2 湯汁熬煮到剩下約1/3的量後，加入調味料再次熬煮，煮出漂亮的光澤後，切成方便食用的大小。

◎燉煮南瓜

【作法】南瓜切成樹葉形狀，用稍濃的八方高湯煮透。

◎燉煮蘿蔔

【作法】蘿蔔削皮削得稍厚一些，用洗米水預先煮過之後，再用淡味八方高湯煮透。

◎燉煮高野豆腐

【作法】高野豆腐浸泡熱水泡發，細心地擠壓、洗過之後，用足量的湯汁（參照131頁）慢慢煮透。

◎牛蒡田舍煮

【作法】牛蒡用棕刷刷洗過後，用較濃的湯汁做成田舍煮。

◎白煮蕪菁

【作法】蕪菁削皮削得稍厚一些，用洗米水預先煮過之後，用白八方高湯煮透。

◎燉煮胡蘿蔔

【作法】胡蘿蔔切成樹葉狀，用洗米水預先煮過之後，用蔬菜八方高湯煮入味。

◎百合根

【作法】百合根清理之後用熱水燙過，烤出金黃色之後，浸泡白八方高湯入味。

◎鴻禧菇八方煮

【作法】鴻禧菇清理過後去除根部並切開，用蔬菜八方高湯煮透。

◎燉煮豆腐皮

【作法】豆腐皮切成方便食用的寬度後，用淡味八方高湯煮透。

◎酒盜涼拌烏賊

【作法】用煮去酒精的酒和味醂將酒盜化開，拌上細條切的烏賊生魚片。用刮過的花穗紫蘇以及梅粒果凍當配料。

◆三種生魚片

【材料】烏賊 紅魽 白帶魚 櫻桃蘿蔔 小黃瓜 青紫蘇葉 黃菊 花穗紫蘇 山葵 醬油

【作法】

1 烏賊做成一拖一生魚片，紅魽做成較小的直刀切生魚片，白帶魚燒霜之後做成直刀切生魚片。

2 將櫻桃蘿蔔與削尖的小黃瓜放入容器裡，鋪上青紫蘇葉後，擺上烏賊、紅魽和白帶魚的生魚片，用黃菊、花穗紫蘇當配料，添加山葵和醬油。

◆飯類／栗子飯

【材料】栗子 米 鹽 地膚子

【作法】栗子連薄皮也剝去之後，快速地預先煮過。米洗過之後再配上同比例的水，加入栗子與鹽炊煮。裝進碗裡，撒上地膚子。

※也可以加入米的1成份量左右的糯米來炊煮。

◆湯品／鮮蝦真薯清湯

【材料】真薯的湯底（參照108頁） 秋葵 胡蘿蔔 青日本柚

【作法】將蝦真薯裝進碗裡，添加上煮成漂亮顏色的秋葵與胡蘿蔔，倒入湯底後，放入青柚子當香料。

※蝦真薯是在真薯糊（參照134頁）裡，加入敲打過的蝦子讓口感變好，再蒸過之後製成。

秋 大德寺便當

46頁

◎蔬菜煮物（蘿蔔、南瓜、牛蒡）

【作法】

1 蘿蔔切成2、3cm寬的圓片後削皮削得稍厚一些，削去尖角、削圓，用洗米水預先煮過之後，用八方高湯（參照130頁）煮透。

2 南瓜切小瓣之後，去皮並削去尖角削圓，用加入同比例淡味醬油與濃味醬油的八方高湯煮過。

3 牛蒡用棕刷刷去表面的髒污並煮得稍硬一些，泡水之後，再用八方高湯炊煮，直接放涼入味。

◎燉煮鱈魚子

【材料】 鱈魚子　湯汁（比例／高湯10、酒2、味醂0.8、淡味醬油0.8、砂糖1、鹽少許）　細薑絲　山椒嫩芽

【作法】

1 鱈魚子去除血塊後，用菜刀在薄皮上劃過，用熱水燙白，讓它像開花一樣展開，浸泡冷水後移到濾網上過濾。

2 用做得稍甜一些的淡味八方高湯和細薑絲把1的鱈魚子煮入味，添加山椒嫩芽。

◎柔煮章魚

【材料】 章魚腳　湯汁（比例／高湯8、酒2、砂糖1、濃味醬油0.8、溜醬油0.2、味醂0.2）

【作法】 章魚腳快速過熱水之後，用流水洗去黏液和髒汁。把湯汁的材料加熱，煮滾後放入章魚腳，蓋上落蓋，用小火仔細煮個45分鐘～1個小時左右，煮到章魚變軟為止。

◎栗子澀皮煮（參照133頁）

◎醬燒鯛魚

【作法】 準備好鯛魚魚塊。把酒4、味醂2、濃味醬油3、溜醬油0.2、砂糖0.2為比例的調味料，熬煮到剩下約1成製作成醬料。鯛魚直接烤過之後，淋上醬料再次烤過，烤出漂亮光澤。

◎蠟燒帆立貝干貝

【作法】 帆立貝表面用菜刀劃鹿紋，稍微撒點鹽和酒，插入鐵串並預先烤過。在劃有刀痕的一面塗上加了鹽的蛋黃，以炙燒的程度用小火烤過。表面乾了之後，再次塗上蛋黃烤過，添加山椒嫩芽。

◎迷你秋葵

【作法】 秋葵撒鹽並在砧板上搓揉，用熱水煮出漂亮顏色後，浸泡湯底八方高湯。

◎造型飯（黃菊、紫菊）

【作法】 用加了醋的熱水將黃菊和紫菊的花瓣煮過之後擠去水分。用圓形的模具為白飯做造型，擺上兩種顏色的菊花。添上紅蕪菁與胡蘿蔔的醃漬物。

◆生魚片／鯛魚生魚片配漂亮蔬菜

【作法】 鯛魚削切之後裝入容器裡。配上青紫蘇葉、胡蘿蔔、小黃瓜、切絲的紫洋蔥等蔬菜，搭配出漂亮的色彩。

◆湯品

【材料】 糯米麩　蝦子　鴻禧菇　番杏　醋橘

【作法】 將糯米麩、蝦子、鴻禧菇、番杏分別做好事前處理之後，用湯底八方高湯煮過。將準備好的材料裝入碗中，倒入溫熱過的湯底並配上醋橘。

冬　各式糕點盒便當　48頁

◎小袖高湯蛋卷

【材料】 蛋液（比例／雞蛋3、高湯1，淡味醬油、味醂、鹽各少量）

【作法】 雞蛋加入調味料打散。在煎蛋鍋裡抹上薄薄的一層油，倒入適量的蛋液煎，當蛋液開始凝固時從對側向前捲起來。讓捲起來的蛋滑到對側，再抹上一層油、倒入蛋汁，以同樣方式捲起來。重複這道手續約3次之後，拿到捲簾上做出小袖和服的形狀。

◎馬頭魚西京燒

【材料】 馬頭魚　味噌醃床（比例／白味噌10、味醂1、酒1）

【作法】 馬頭魚稍微撒點鹽、放置一會之後擦去水分。將馬頭魚醃漬在味噌醃床裡一個晚上後取出，擦去多餘的味噌，烤成漂亮的顏色。

◎醬油醃漬鮭魚子金柑盅

【材料】 鮭魚肚裡的魚卵　醃漬汁（比例／煮去酒精的酒4、煮去酒精的味醂1、淡味醬油1）　金柑

【作法】 將鮭魚肚裡的魚卵泡溫水之後，一粒一粒剝散並去除薄皮。把浸泡醃漬汁入味後的魚卵裝入金柑盅裡。

※用這個比例調配的醃漬汁，要趁還沒有醃漬太久之前吃掉。

◎芝煮蝦

【材料】 煮蝦子的湯汁（比例／高湯4、煮去酒精的酒2、淡味醬油0.6、濃味醬油0.2、味醂0.8）　薄切薑片

【作法】 蝦子去除腸泥之後過熱水燙白，用湯汁快速煮過之後取出，湯汁放涼之後，再次放回取出的蝦子入味。

◎豆腐皮茶巾絞

【材料】 豆腐皮　銀杏　雞肉　乾燥香菇　乾瓢　八方高湯（參照130頁）

【作法】 將雞肉與泡發的香菇切成與銀杏差不多的大小，用豆腐皮包成茶巾絞，再用泡熱水泡發的乾瓢綁起來。用八方高湯炊煮。

◎南瓜與胡蘿蔔的小手鞠
【作法】南瓜與胡蘿蔔分別做成球形。南瓜用八方高湯（參照130頁）煮透，胡蘿蔔則用洗米水預先煮過之後，再用八方高湯煮透。

◎扭轉蒟蒻
【作法】蒟蒻切成長片，劃下刀痕之後扭轉一次做成韁繩的模樣，預先煮過之後，再用八方高湯（參照130頁）炊煮。

◎油菜花
【作法】撒上鹽並煮出漂亮的顏色後馬上浸泡冷水，稍微擠去一點水分，在八方高湯裡加入芥末後，將油菜花浸泡進去。

◎柔煮章魚
【材料】章魚腳　湯汁〔比例／高湯8、酒2、砂糖1、濃味醬油0.8、溜醬油0.2、味醂0.2〕
【作法】章魚腳快速過熱水之後，用流水洗去黏液和髒污。加熱湯汁的材料，煮滾之後放入章魚腳，蓋上落蓋，仔細煮個45分鐘～1小時左右，煮到章魚變軟為止。

◎美人粉炸馬頭魚
【作法】將馬頭魚上身切成一口大小，拍上薄薄的麵粉，浸泡蛋白之後裹上美人粉炸。

◎干貝利休炸
【作法】帆立貝干貝擦去水分之後拍上麵粉，沾上蛋白、撒上白芝麻後，炸得金黃酥脆。

◎醬燒蓬麩
【作法】將蓬麩的兩面炙燒後，沾上用同比例的醬油、砂糖、酒調製成的醬料，烤得芳香可口。

※醬料若加入拍打過的山椒嫩芽，就會增添春季的風味。

◎蘘荷壽司
【作法】將甘醋醃漬的蘘荷剝成一片片後，塞入煮過並篩過的百合根。

◎鹽煮一寸豆
【作法】從豆莢內將蠶豆取出，鹽煮出漂亮的顏色。

◎茨菰煎餅
【作法】茨菰切除頭尾之後，切成六角形並去皮，切得非常薄後泡水，擦去水分再直接炸過，撒上鹽巴。

◎梅花造型飯配碎梅
【作法】白飯做成梅花的造型後，擺上梅乾。

◆湯品
【材料】蛤蠣　蛤蠣高湯　蕪菁　油菜花　竹筍　日本柚
【作法】把用水洗過的蛤蠣、水、酒、昆布放入鍋子裡加熱，蛤蠣張開之後移到濾網上濾掉湯汁。把蛤蠣以及用湯底高湯預先調味過的蕪菁、竹筍、油菜花放進碗裡，倒入用鹽調味過的蛤蠣高湯，再配上日本柚。
※蛤蠣高湯熬製法／相對於5顆蛤蠣，加入500ml的水、5cm方形昆布、50ml的酒並加熱，蛤蠣稍微張開之後撈出昆布，接著把蛤蠣也撈出來。

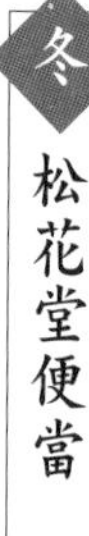

冬 松花堂便當

50頁

生魚片

◎削切鯛魚／三種蒟蒻生魚片
【材料】鯛魚　近江紅蒟蒻　白板蒟蒻　芝麻蒟蒻　青紫蘇葉　花穗紫蘇　山葵　紫蘇芽
【作法】鯛魚做成削切生魚片，蒟蒻生魚片則分別切成薄薄的正方形。將生魚片擺進舖有青紫蘇葉的容器裡，添加陪襯的配料和山葵。

八寸

◎小袖高湯蛋卷
【材料】蛋液〔比例／雞蛋3、高湯1、淡味醬油、味醂、鹽各少量〕
【作法】雞蛋加入高湯和調味料打散成蛋液。參照高湯蛋卷（118頁）的作法煎好，拿到捲簾上做出小袖和服的形狀，切成方便食用的大小。

◎鮭魚有馬燒
【材料】鮭魚燒烤醬料〔比例／酒4、味醂2、濃味醬油2、溜醬油0.2、水飴0.5〕　山椒粉
【作法】混合好燒烤醬料的調味料之後加熱，熬煮到剩下1成左右。將鮭魚的兩面直接烤過之後，一邊淋滿醬料一邊燒烤，最後撒上山椒粉完成。

◎蠟燒烏賊
【材料】烏賊　黃身衣〔比例／蛋黃2顆量、味醂2小匙、鹽1/3小匙〕
【作法】在烏賊的表面劃鹿紋，稍微撒點鹽和酒，快速地預先烤過。在劃有刀痕的那一面塗上黃身衣，烤到輕微炙燒的程度。重複這道手續2、3次，烤出漂亮的顏色。

◎星鰻八幡卷
【材料】星鰻　牛蒡　醬料〔比例／濃味醬油1、溜醬油0.2、酒1、砂糖0.5，加熱熬煮到剩下約2成製成〕
【作法】
1 牛蒡用棕刷刷洗過，切成大概20cm長。在讓一端維持連接的狀態下切成5、6條，用洗米水煮得稍硬

一些，泡水後用八方高湯煮入味。

2 星鰻切開之後去除表皮的黏液，在讓一端維持連接的狀態下切成2條，將皮朝外，稍微鬆散地將牛蒡纏繞起來。

3 兩端用竹皮之類的材料綁起來固定，插上鐵串用大火烤到變色。整個變成金黃色之後淋滿醬料，烤出漂亮的顏色後拔去鐵串，切成方便食用的寬度。

◎甘醋醃漬花形蓮藕（參照117頁）

◎蜜煮楊梅（參照140頁）

◎松葉插黑豆、西京醃漬島胡蘿蔔

【作法】島胡蘿蔔削皮之後煮過，擦去水分後，醃漬在白味噌、酒、味醂的醃床裡。連同蜜煮黑豆一起插上松葉。

◎迷你秋葵

【作法】迷你秋葵用鹽搓揉之後煮過，浸泡八方高湯。

◎醋漬蘘荷

【作法】蘘荷快速煮過之後浸泡甘醋。

煮物

◎海老芋、簾麩、樹葉形狀的南瓜、蕪菁什錦拼盤

【作法】

1 海老芋切成恰到好處的大小後去皮，用洗米水預先煮過之後泡水，再用八方高湯煮透。

2 簾麩切成方便食用的大小，用八方高湯煮透。

3 南瓜切成樹葉的形狀後預先煮過，用八方高湯煮透。

4 蕪菁削皮削得稍厚一些，用洗米水預先煮過之後，再用白八方高湯煮透。

5 鴻禧菇去除根部後一株株切開，煮過之後，再用八方高湯快速煮過。

6 油菜花撒上鹽煮出漂亮的顏色後馬上浸泡冷水，稍微擠去水分，浸泡在有溶入芥末的八方高湯裡。

飯類

◎燒霜鯛魚棒壽司／梅花形狀的蕪菁

【作法】準備處理好的鯛魚，將帶皮側快速烤過後馬上浸泡冰水，冷卻之後擦去水分。把鯛魚皮朝下擺在濕布上，將壽司飯（參照134頁）稍微捏過之後擺上。用布扭緊、整出形狀後擺上白板昆布，分切成方便食用的大小。配上浸泡過梅子醋的蕪菁。

◆湯品

【材料】帆立貝干貝真薯　燒霜帆立貝　蓮藕　玉簪嫩芽　黃柚　松葉形狀的柚子

【作法】

1 準備處理好的帆立貝貝肉，相對於100g的貝肉，加入20g日本山藥、1大匙蛋白、少量的酒以及約100㎖的昆布高湯攪拌。取適量搓圓後用高湯炊煮。

2 帆立貝干貝削成2塊，將表面迅速烤過之後用冰水冷卻。

3 把帆立貝真薯與燒霜帆立貝疊起來裝進便當盒裡，用做好預先處理的蓮藕、玉簪嫩芽、松葉形狀的柚子當配料並倒入湯底（參照108頁）。

「集會、慶祝的便當」、「外送、外帶的便當」 作法與解說

在第二章「集會、慶祝、節慶的趣味便當」中，先以親友之間常見的慶祝場合為首，再連帶介紹與各種集會相應的便當準備範例。

特別在不是那麼隆重的場合，表現出新鮮感或有趣設計等的便當，更肩負著炒熱現場氣氛的責任。

接著，也介紹了節慶和年節料理這類傳統活動日子的料理範例，這些料理在因循著傳統的同時，也稍微加入了一些新鮮的嘗試，增添讓人喜歡的小巧思（這些將會以菜單範例來介紹）。

而在第三章「外送、外帶的便當」的例子中，則採用了所謂的一次性容器來做介紹。除了用於各種法事之外，從聚餐一類的場合到輕鬆的午餐餐盒風，以符合當下需求為主，還有許多在設計和用途上非常豐富的料理。

以上在第二、三章介紹的各種料理，在用途、任務上涉及多種方面，但大多是以第一章「四季意趣便當」中介紹的料理為基礎，只是加上器皿使用或擺設方式的變化，以增添其魅力。

雖然便當料理在器皿運用和調味、調理方面有某種程度的限制，但反過來說這也是一種優點，如果能以自家店裡的料理來擴展出更豐富的趣向，那是再好不過的了。

※本章將會重新介紹已經介紹過的料理的製作方式。在第二章「集會、慶祝、節慶的趣味便當」、第三章「外送、外帶的便當」所介紹的料理中，出現非常相似或是已經出場過的類似料理時，則會另外附註它的頁數。請參照看看。

※此外，關於「生魚片」請先參照彩頁的102頁與103頁。而綠色蔬菜或配料的介紹，則會做部份的省略。

集會、慶祝的便當

賞花宴便當

54頁

第一層

◎高湯蛋卷（參照118頁）
◎白鯧西京燒（參照133頁）
◎鮭魚祐庵燒（參照133頁）
◎旨煮日本九孔（參照131頁）
◎三種麵衣炸魚漿（參照121頁）
◎星鰻八幡卷（參照158頁）
◎梅子醋醃漬蘆筍（參照117頁）
◎甘醋醃漬蓮藕（參照117頁）

第二層

◎蔬菜煮物（參照112頁）
◎燉煮鯛魚子（參照115頁「燉煮鱈魚子」）
◎手綱蒟蒻（參照133頁）
◎鮭魚昆布卷（參照152頁）
◎蝦子黃身煮（參照138頁）

第三層

◎山菜與海鮮的散壽司

【材料】蝦子　章魚　水針魚　三文魚　燉煮乾燥香菇（參照132頁）　胡蘿蔔煮物（參照112頁）　蒟蒻煮物（參照133頁）　草蘇鐵嫩芽　蕨菜　蜂斗菜　竹筍　絹莢豌豆　壽司飯（參照134頁）

【作法】

1 蝦子鹽煮之後切成方便食用的大小。章魚鹽煮之後切小塊。水針魚浸泡薄鹽水後用醋泡過，去皮之後切成方便食用的大小。三文魚切成方便食用的大小。
2 分別把香菇、胡蘿蔔、蒟蒻的煮物切細碎。
3 竹筍去除澀味之後，浸泡蔬菜八方高湯。
4 把壽司飯鋪在重盒裡，用準備好的1～4的配料擺出漂亮的色彩。

大盤裝夏日酒餚　56頁

◎百合根酸漿盅

【作法】百合根快速烤過之後拌上梅肉，裝進酸漿盅裡。

◎白鯧西京燒（參照133頁「味噌醃床」）

◎大德寺麩煮物

◎煮蝦（參照139頁）

◎高湯蛋卷（參照118頁）

◎蠟燒白帶魚（參照134頁「黃身燒」）

◎蒲燒鰻魚

◎甘醋醃漬花形蓮藕（參照117頁）

◎蔬菜煮物

（芋頭、手綱蒟蒻、茄子、香菇）（參照112頁）

◎青辣椒塞餡料

【作法】青辣椒切去頭尾之後，把調味過的魚漿塞進辣椒裡。直接炸過之後，再用八方高湯煮過。

◎蜜煮丸十（參照132頁）

◎星鰻鳴門卷（參照145頁）

◎烤味噌香魚（參照145頁）

◎美乃滋梅子醋涼拌干貝番茄盅（參照145頁）

◎蠶豆

◎毛豆

【作法】毛豆切去兩端並整理形狀後用鹽搓揉，煮至恰到好處。

◎甘醋醃漬薑（參照117頁）

◎梅子醋醃漬蘆筍（參照117頁）

春日酒餚　竹籃拼盤　58頁

◎山菜天婦羅（參照120頁）

◎煮豬肉

【作法】準備梅花肉或是五花肉的肉塊，把帶皮側烤去一些油脂後，用加入豆腐渣的水煮5～6個小時。再用熱水煮30分鐘左右。用酒和水調配成8杯的湯汁，再用濃味醬油1、砂糖1的比例調配後熬煮。最後加入味醂烹煮好。

◎高湯蛋卷（參照118頁）

◎醬燒星鰻（參照151頁）

◎鮭魚有馬燒（參照133頁）

◎蔬菜煮物（芋頭、南瓜、胡蘿蔔）（參照112頁）

◎短爪章魚煮物

◎旨煮鯛魚子與魚肝（參照140頁）

◎蠶豆

◎油菜花（參照140頁）

◎絹莢豌豆（參照169頁）

◎花瓣形狀的百合根（參照135頁）

小菜便當　60頁

◎芝麻醋涼拌柿子盅（參照151頁）

◎星鰻治部煮

◎鱈魚真子煮物（參照115頁）

◎蔬菜煮物（茄子、南瓜、蘿蔔、胡蘿蔔、秋葵、海老芋）（參照112頁）

◎醬燒星鰻（參照151頁）

◎三種烤魚（參照133頁）

◎各式麵衣油炸（參照121頁）

◎栗子甘露煮（參照133頁）

◎炸鴻禧菇（參照150頁）

◎烤蓮藕（參照148頁）

彩色時蔬卷便當　62頁

【材料】白飯　蔬菜（苦苣　萵苣　小黃瓜　芽菜　綠蘆筍　白蘆筍　芹菜　紅、黃甜椒）

◇配料（鯛魚　白帶魚　煮章魚　蒲燒鰻魚　煮竹節蝦　火腿）

◇肉味噌（雞絞肉　鐵火味噌或是白雞蛋味噌（參照133、134頁）　豆瓣醬）

◇山葵沙拉醬（比例／沙拉油2、醋1，鹽、胡椒、山葵泥各適量）

◇美乃滋沙拉醬（用適量的醋把美乃滋化開）

◇梅肉沙拉醬（比例／梅肉1、醋0.5、沙拉油0.5　砂糖、濃味醬油各少許）

◇芝麻醬油沙拉醬（沙拉油200mℓ　醋100mℓ　芝麻油2大匙　濃味醬油50mℓ　砂糖1大匙　切碎的芝麻1大匙）

【作法】

1 為了比較容易捲在蔬菜裡，把白飯捏成棒狀。

2 蔬菜分別切成方便食用的大小。雙色蘆筍用熱水燙過之後縱切成對半。小黃瓜、芹菜也切成細的棒狀。紅、黃甜椒切絲。

3 肉味噌則是把雞絞肉做成肉燥後，混入鐵火味噌或是白雞蛋味噌，再用豆瓣醬做出帶點刺激的辣味。

4 把白飯和配料擺出漂亮的配色，淋上喜歡的沙拉醬享用。

中華便當　64頁

◎烤豬

【材料】豬五花肉（肉塊）1塊　醃漬醬料※適量　A〔洋蔥、芹菜、巴西利、胡蘿蔔等各適量〕　黃色甜椒甘醋醃漬蘘荷（參照135頁）

※醃漬醬料是用250g醬油、300g酒、250g蠔油、450g砂糖、15g鹽、200g水飴，以及蔥青、薑各適量搭配而成。

【作法】

1 將切成適當大小的A的蔬菜放進醃漬醬料中搭配起來。

2 用叉子等器具在豬五花肉塊上的數個地方刺過之後，用風箏線把肉綁起來。

3 將2的豬肉浸泡在1的醃漬醬料裡5個小時左右。

4 取出豬肉並用烤箱烤約30分鐘之後，把取出的豬肉放置約30分鐘，最後塗上用水稀釋過的水飴，用高溫烤約10分鐘。切片之後，添加黃色甜椒和甘醋醃漬的蘘荷。

◎黃色甜椒、甘醋醃漬蘘荷（參照135頁）

◎中華風甘醋醃漬小黃瓜和胡蘿蔔

【作法】小黃瓜切成條狀，胡蘿蔔細切，撒上鹽後放置約10分鐘。去除多餘的水分之後配上甘醋，擺上薑絲、紅辣椒段。將加熱到熱騰騰的芝麻油淋上之後，整個攪拌過。

◎煮雞肉拌蔥薑醬汁

【作法】

1 製作煮雞肉。把雞胸肉、蔥青、薑薄片和水倒入鍋裡加熱。沸騰之後把火轉小，再煮個5～6分鐘後關火，就這樣放置約30分鐘自然冷卻。

2 製作蔥薑醬汁。薑切末後加上適量的鹽，淋上加熱過、熱騰騰的橄欖油，當冒出香味後，把蔥青切末，並加入少量的昆布茶攪拌。

3 把1的雞肉剝成細絲之後，拌上2的蔥薑醬汁。

◎味噌炒雞肉

【材料】雞腿肉　紅、青椒　甘醋醃漬小黃瓜和胡蘿蔔（參照上一段）的醃漬汁　八丁味噌、醬油、蠔油、酒、胡椒，蔥、薑、蒜末

【作法】

1 將切成一口大小的雞腿肉用鹽、胡椒、酒預先調味之後，切成一口大小。

2 將油倒入鍋子裡，把蔥和薑末炒過之後，加入紅、青椒末炒過。放入雞肉煮熟之後，搭配味噌（有的話再加甜麵醬）、醬油、酒、胡椒拌炒。

◎辣醬炒蝦

【材料】蝦子（去頭、去殼）　鹽、太白粉　胡椒　酒、蛋白　沙拉油　辣醬※

※辣醬是用100g泡熱水剝皮的番茄粗末，搭配上80g番茄醬、3g鹽、5g豆瓣醬、20g砂糖、10g豬排醬、3g醋加熱後製成。

【作法】

1 蝦子剝殼並留下尾巴，從背部切開，用鹽和太白粉搓揉，接著用水洗去臭味之後把水分擦乾。用鹽、胡椒、酒幫蝦子預先調味，用蛋白稍微搓揉過之後，加上太白粉仔細攪拌，最後倒入少量的沙拉油入味。

2 以低溫把1的蝦子過油，約七分熟後取出。

3 把油倒入鍋裡，放入蔥、薑、蒜末炒出香味之後加入辣醬拌炒，再次放入1的蝦子迅速地炒好。

◎蝦乾和四季豆的炒物

【作法】蝦乾泡水泡發。四季豆切成方便食用的長度過油。將油倒入鍋裡，把大蒜和薑末、泡發的蝦乾炒出香味之後，再放入四季豆仔細炒過。用醬油、酒、鹽、胡椒調味，最後淋上一點油。

◎梅子醬糖醋豬肉

【材料】豬里肌肉（肉塊）　鹽　酒　胡椒　太白粉　梅醬※　芝麻油

※梅醬是用4顆量的梅肉，搭配番茄醬13g、水18mℓ、醋30mℓ、砂糖130g製成。

【作法】

1 切成一口大小的豬里肌用鹽、酒、胡椒搓揉來預先調味，撒上太白粉，用中溫的油炸過。

2 把梅醬倒入鍋裡加熱之後再放入1的豬肉，讓豬肉整個沾滿醬料。最後淋上芝麻油。

◎沾麵醬炒烏賊和黑木耳

【作法】烏賊劃松笠紋後切成一口大小，用酒、胡椒、榨薑汁預先調味之後過油。大蒜芽切成3cm長過油。黑木耳快速過油。把油倒入鍋裡，炒好蔥末之後，放入過油的烏賊、大蒜芽、黑木耳迅速拌炒，用醬油、酒、沾麵醬調味，最後加入溶進水裡的太白粉統整，淋上芝麻油完成。

◎蓮葉包中華風糯米飯

【材料】糯米　烤豬　豬五花肉　香腸　蝦乾　乾干貝　乾燥香菇　薑　松子　雞骨湯、泡發時用過的水、酒、醬油、胡椒、五香粉、蠔油

【作法】

1 糯米泡水之後蒸過。將蝦乾、乾干貝、乾燥香菇分別用水泡發。留下泡過的水。

2 蝦乾切粗末，干貝剝散，香菇、香腸、烤豬、豬五花肉分別切丁成1cm大小。

3 在鍋子裡熱好沙拉油炒薑，加入2的配料與松子炒過。倒入雞骨湯、泡發時用過的水、酒、醬油、胡椒、五香粉、蠔油，炒到水份沒了之後，倒進盤子之類的器皿上放涼。

4 把1的蒸好的糯米與3的材料攪拌之後，用蓮葉包起來，放入冒出蒸氣的蒸籠裡蒸30～40分鐘。

蕎麥麵會席便當膳 66頁

八寸

◎醬燒白帶魚

◎美人粉炸烏賊泥（參照121頁）

◎煮蝦

◎水針魚手綱燒（參照117頁）

◎星鰻八幡卷（參照158頁）

◎螢烏賊拌醋味噌（參照137頁）

◎茶福豆（參照132頁）

煮物

◎蝦子黃身煮（參照138頁）

◎手綱蒟蒻（參照133頁）

◎柔煮章魚（參照131頁）

◎蜂斗菜、牛蒡、小芋頭的什錦拼盤

◆生魚片／鯛魚　水針魚　烏賊　章魚

（蘿蔔　油菜花　裙帶菜　大野芋）

◆主餐／蕎麥麵（蘿蔔泥、炒芝麻、青蔥）

外送、外帶的便當

松花堂便當 78頁

左後方

◎黃身炸和美人粉炸魚漿（參照121頁）

◎鴨里肌（參照114頁）

◎醋漬蘘荷（參照135頁）

右後方

◎鰻魚蛋卷（參照142頁）

◎柔煮章魚（參照131頁）

◎醬燒星鰻（參照151頁）

◎土魠魚柚香燒（參照133頁「祐庵地」）

◎手綱蒟蒻（參照133頁）

◎星鰻鳴門卷（參照145頁）

左前方

◎加藥飯※29

【材料】米1杯　雞肉　鴻禧菇　豆皮　胡蘿蔔　蒟蒻　炊飯高湯（高湯15、酒1、味醂0.8、淡味醬油1、鹽少量的比例調配製成）　雞蛋絲　豌豆仁

【作法】

1 雞肉切成一口大小。香菇與鴻禧菇分別切去根部、細切之後過熱水。細切的胡蘿蔔、蒟蒻、豆皮也同樣過熱水。

2 用炊飯高湯把1的材料煮入味。

3 按飯鍋的刻度將洗好的米和2的湯汁搭配後炊煮。

右前方

◎鯛魚削切生魚片

◎白帶魚長條生魚片

◎紅魽直刀切生魚片

※29：指炊飯時加入其他食材或調味料，關東稱為五目炊飯。

幕之內便當 80頁

左後方

◎鰻魚蛋卷（參照142頁）

◎柔煮章魚（參照131頁）

◎手綱蒟蒻（參照133頁）

◎迷你秋葵（參照130頁「蔬菜八方高湯」）

中後方

◎各式麵衣炸帆立貝（參照121頁）

◎高湯煎蛋磯邊卷（參奥119頁）

◎鹽煮毛豆

右後方

◎什錦拼盤（茄子　樹葉形狀的南瓜　千島箬竹筍（淡竹）
星鰻鳴門卷　燉煮芋頭　絹莢豌豆）

左前方

◎白鯧西京燒（參照133頁「味噌醃床」）

◎甘醋醃漬花形蓮藕（參照117頁）

◎甘醋醃漬蘘荷（參照135頁「甘醋醃漬」）

◎蠶豆（參照130頁「蔬菜八方高湯」）

中前方

◎鯛魚削切生魚片　◎冰鎮燙虎鰻

右前方

◎章魚　蘿蔔　胡蘿蔔　青紫蘇葉

◎鴨里肌（參照114頁）

苦苣　黃甜椒　番茄

飯類

◎散壽司（參照123頁）

喜慶的外送便當 82頁

左後方

◎鮭魚有馬燒（參照133頁「有馬燒」）

◎土魠魚祐庵燒（參照137頁）

◎白煮星鰻（參照131頁）

◎雀燒小鯛魚（參照117頁）

◎烏賊黃身衣燒（參照134頁）

◎博多燒星鰻配袱紗卵（參照152頁）

◎高湯蛋卷（參照118頁）

◎甘醋醃漬蘆筍（參照117頁）

◎蜜煮花形百合根（參照132頁「蜜煮豆」）

◎葫蘆形狀的日本山藥（參照 153頁）

◎松葉插黑豆　金箔（參照132頁「蜜煮豆」）

◎花形胡蘿蔔與花形蘿蔔的煮物

【作法】胡蘿蔔與蘿蔔分別去皮之後，切成螺旋梅花的形狀並預先煮過。胡蘿蔔用八方高湯煮透，蘿蔔則是用白八方高湯煮透。

◎紅酒醃漬樂京

【作法】用加入紅酒的甘醋醃漬蕌頭。

◎樹葉形狀的丸十

【作法】番薯帶皮切成樹葉形狀後直接炸過。

右後方

◎芝煮竹節蝦（參照115頁）

◎燉煮飛龍頭（參照115頁）

◎燉煮簾麩（參照150頁）

◎干貝黃身煮（參照138頁「蝦子黃身煮與南瓜、小芋頭的什錦拼盤」）

昆布結　金針菜　四季豆

左前方

◎握壽司（海膽、鮭魚子、甜蝦、鯡魚子）

◎甘醋醃漬薑（參照117頁）

中前方

◎初霜涼拌羊棲菜（參照154頁）

◎醃脆蘿蔔

◎鮭魚鳴門卷（參照104頁）

◎水針魚手綱燒（參照117頁）

◎鮭魚子

◎甘醋醃漬花形蓮藕（參照117頁）

右前方

◎幼黑鮪魚方塊生魚片

◎烏賊細條生魚片

◎水針魚正方形生魚片

喜慶的外送便當 84頁

左後方

◎高湯蛋卷（參照118頁）

◎旨煮日本九孔（參照131頁）

◎煮浸帶卵香魚（參照156頁）

◎秋刀魚有馬燒（參照133頁）

◎照燒虎鰻（參照146頁「烤虎鰻與烤香魚的棒壽司」）

◎百合根茶巾絞（參照152頁）

喪事的外送便當

86頁

◎手綱蒟蒻時雨煮（參照133頁）
◎毛豆
◎初霜涼拌羊棲菜（參照154頁）
◎甘醋醃漬白蘆筍（參照117頁）
◎楓葉形狀的胡蘿蔔（參照52頁）

右後方

◎鯛魚削切生魚片　◎幼黑鮪魚直刀切生魚片
◎烏賊一拖一生魚片　青紫蘇葉　花穗紫蘇　島胡蘿蔔卷花

右前方

◎黃身衣炸蝦（參照137頁）

◎美人粉炸香菇

【作法】
1 香菇切除根部之後，在菇傘內部拍上麵粉，塞入白肉魚的魚漿，撒滿薄薄的麵粉後浸泡蛋白，再沾上美人粉。
2 用中溫的油炸過，不要讓它變色。

◎島胡蘿蔔、山藥、油菜花天婦羅
◎松葉插鴻禧菇

左前方

◎小黃瓜海苔卷／鐵火卷／豆皮壽司／鯖魚磯邊卷／箱壽司
◎甘醋醃漬薑（參照135頁）

左後方

◎比目魚削切生魚片　青紫蘇葉
銀杏形狀的胡蘿蔔　唐草花紋的小黃瓜

右後方

◎各式麵衣炸蝦（參照121頁）
◎黃身衣炸蝦（參照137頁）
◎島胡蘿蔔、蓮藕、油菜花的天婦羅（參照120頁「天婦羅麵衣」）

◎裏白香菇

【作法】香菇去除根部之後，在菇傘內側拍上麵粉，塞入白肉魚的魚漿後油炸。

◎不裹粉炸萬願寺辣椒

【作法】萬願寺辣椒切除頭尾之後去除種籽，縱切成對半後直接油炸。

左前方

◎黑豆飯

【作法】黑豆用水煮過之後再用八方高湯煮透。塞入白飯後，擺上煮透的黑豆。

中前方

◎土魠魚祐庵燒（參照133頁「祐庵燒」）
◎鮭魚有馬燒（參照133頁「有馬燒」）
◎甘醋醃漬花形蓮藕（參照117頁）
◎馬頭魚一夜干（參照133頁）
◎烏賊黃身衣燒（參照134頁）
◎松葉插章魚
◎博多燒星鰻配袱紗卵（參照152頁）

◎干貝奶油燒

【作法】干貝撒上鹽、胡椒之後撒上麵粉，用沙拉油快速烤過。最後放入少量的奶油。

◎鹽煮毛豆
◎高湯蛋卷（參照118頁）
◎柚子醋醃漬鴻禧菇金柑盅（參照153頁）

右前方

◎海老芋、蕪菁、牛蒡、蒟蒻的田舍煮（參照132頁）
◎燉煮飛龍頭（參照115頁）
◎燉煮南瓜（參照166頁）
◎燉煮麵麩（參照150頁）

◎絹莢豌豆

【作法】快速煮過之後浸泡湯底高湯。

◎烤白蔥

【作法】白蔥切成方便食用的寬度後，烤得香酥可口。

◎鰤魚奉書卷

【作法】
1 準備鰤魚上身，切成1.5cm方形的棒狀。
2 蘿蔔桂剝切之後把鰤魚捲起來做成奉書卷，用湯汁〔比例／高湯4、酒2、味醂1、濃味醬油1、溜醬油0.2、砂糖0.3〕快速炊煮過。
3 取出奉書卷去除水分，分切成方便食用的大小。

◎栗子甘露煮（參照133頁）
◎初霜涼拌羊棲菜（參照154頁）

盒裝趣味便當

88頁

第一列

◎松笠紋烏賊的炸豆腐　甜豌豆

【作法】小烏賊劃出松笠紋之後撒上麵粉，用中溫的油炸過後，再浸泡醃漬醬汁〔比例／高湯6，濃味醬油、淡味醬油各0.5，味醂1〕。

◎炸魚餅　甘醋醃漬三色甜椒

【作法】炸魚餅切成方便食用的大小。甜椒分別切成長片，快速煮過之後浸泡甘醋〔水200㎖、醋100㎖、砂糖50g、鹽5g〕。

◎煎蛋

【作法】將蛋液的材料〔雞蛋6顆、高湯1大匙、淡味醬油1/2大匙，砂糖1大匙、鹽少許、美乃滋1小匙〕混合後，用煎蛋器煎過。

◎小芋頭荷蘭煮

【作法】小芋頭去皮之後不裹粉直接炸過，再浸泡在醃漬醬汁〔水200㎖、醋100㎖、砂糖50g、鹽5g〕裡。

◎螺紋梅花形狀的胡蘿蔔

【作法】胡蘿蔔切圓片之後，像要切成五角形那樣切成梅花的形狀。在各花瓣的部分淺淺地斜切下一塊，做成螺旋狀的梅花後預先煮過，再用八方高湯煮透。

◎照燒雞肉

【作法】先從帶皮側將雞腿肉煎得金黃酥脆後，再把另一側也煎過，一邊塗上照燒的醬料〔酒90㎖、濃味醬油30㎖、溜醬油20㎖、味醂90㎖、砂糖15g〕，一邊煎出漂亮光澤，切成方便食用的大小。

第二列

◎蒲燒鰻魚

◎炸蓮藕夾雞絞肉

【作法】150g的雞絞肉加入1大匙太白粉、1大匙水和少許的鹽，攪拌到黏性跑出來為止。用薄切並煮過的蓮藕夾起來，撒上太白粉油炸。

◎螃蟹手鞠壽司

【作法】壽司飯捏圓做成一口大小，擺上泡過醋〔醋1、水2〕的螃蟹肉做成球狀。

◎合鴨里肌（參照114頁）

◎鹽蒸鮑魚（參照167頁）

第三列

◎迷你番茄塞蟹肉

【作法】迷你番茄泡熱水剝皮之後，從蒂頭處挖去果肉。把吉利丁溶入二杯醋裡，浸泡蟹肉之後將蟹肉稍微擠過，再塞入迷你番茄裡並放涼。

◎燉煮南瓜

【作法】南瓜切成方便食用的大小，用八方高湯煮透。

◎蠶豆翡翠煮

【作法】蠶豆剝去薄皮後快速鹽煮，浸泡冷水後，放進糖漿〔比例／水3、砂糖1〕裡煮3～4分鐘後關火，去除餘熱之後冷藏。

◎燉煮葫蘆形狀的麩

【作法】快速地將葫蘆形狀的麩不裹粉直接炸過，再用八方高湯煮透。

◎栗子甘露煮（參照151頁）

◎姬松笠茨菰

【作法】茨菰切成六角形並去皮後切成松果的花紋，用八方高湯煮透。

◎烤星鰻手鞠壽司

【作法】準備好醬燒星鰻，切成一口大小。把壽司飯捏成一口大小，擺上醬燒星鰻做出形狀。

第四列

◎南蠻醃漬星鰻

【作法】星鰻做好事前處理後骨切並燙白，沾上太白粉油炸。浸泡在南蠻醬汁〔高湯250㎖、醋50㎖，淡味醬油、味醂各30㎖，鹽1/3小匙、紅辣椒2根〕裡。

◎明日葉天婦羅

【作法】明日葉沾上天婦羅麵衣後，炸得酥酥脆脆。

◎柔煮星鰻

【作法】星鰻去除皮上的黏液，排列在舖有薄木板的鍋子裡，用湯汁〔高湯1ℓ、酒200㎖、味醂120㎖、淡味醬油80㎖、砂糖90g〕煮透。

◎炒煮蒟蒻

【作法】蒟蒻切成方便食用的大小，用平底鍋煎去水分並用少許芝麻油炒過之後，再用湯汁〔比例／高湯4、味醂1、淡味醬油1、砂糖0.5〕炒煮。

◎鮭魚西京醃漬燒

【作法】準備鮭魚魚塊，撒上薄薄的鹽稍微放置一會之後，擦去跑出來的水分。醃漬在西京醃漬床裡1～2天後取出，擦去多餘的味噌，烤到金黃酥脆。

◎鰻魚雅卷

【作法】桂剝切的蘿蔔泡過薄鹽水後浸泡甘醋。將甜椒烤得一片漆黑後泡冷水剝皮，再浸泡甘醋。用桂剝切的蘿蔔把雞蛋絲、切成棒狀的蒲燒鰻魚、甘醋醃漬的甜椒放在中心捲起來，切成方便食用的寬度。

◎南蠻醃漬紅魽

【作法】紅魽切成方便食用的大小後不裹粉直接油炸，浸泡南蠻醬汁（參照166頁「南蠻醃漬星鰻」）。

◎鹽燒帆立貝

【作法】帆立貝灑上酒、鹽後炙燒，烤成外酥內嫩的狀態。

◎生火腿奉書卷

【作法】將紅鳳菜快速煮過之後擰去水分，浸泡在湯底高湯裡。把紅鳳菜的燙青菜擰去水分之後，放在中心用生火腿捲起來。

盒裝趣味便當（小） 89頁

第一列

◎一口散壽司

【作法】壽司飯捏圓成一口大小，撒上雞蛋絲、鮭魚子，再擺上剝散的鹽漬鮭魚。將鹽煮過的甜豌豆斜切成段之後添上。

◎生火腿奉書卷

【作法】將紅鳳菜快速煮過之後擰去水分，浸泡在湯底高湯裡。把紅鳳菜的燙青菜擰去水分之後，放在中心用生火腿捲起來。

◎栗子甘露煮（參照151頁）

◎鹽蒸鮑魚

【作法】鮑魚用鹽摩擦過後從殼裡取出貝肉，再用鹽搓揉。水洗之後，灑上酒和鹽暫時放置一會，用冒出蒸氣的蒸籠蒸到變軟為止。蒸好之後直接放涼，分切成方便食用的寬度。

◎銀杏形狀的番薯

【作法】番薯帶皮切成銀杏的形狀，泡水並預先煮過之後，用糖漿〔比例／水2、砂糖2〕蜜煮。

◎南蠻醃漬帆立貝

【作法】帆立貝快速炙燒過，浸泡在南蠻醬汁（參照166頁「南蠻醃漬星鰻」）裡。

◎螺紋梅花形狀的胡蘿蔔（參照170頁「梅花形狀的胡蘿蔔」）

第二列

◎炸蓮藕夾雞絞肉（參照166頁）

◎烤山藥　醃漬紅甜椒與洋蔥

◎爌肉（參照173頁）

◎銀杏

【作法】銀杏去殼，不裹粉把種子直接炸過之後撒鹽。

◎甘醋醃漬蓮藕（參照170頁）

◎燉煮青芋莖

【作法】將青芋莖去皮，快速鹽煮過後泡冷水，再浸泡湯底高湯。

◎沙丁魚甘露煮

【作法】沙丁魚連頭尾直接烤過，放涼之後，排放在舖有薄木板的鍋子裡。倒入湯汁〔高湯800㎖、酒200㎖、醋80㎖、砂糖1大匙、濃味醬油80㎖〕到食材稍微露頭的程度，煮個20～30分鐘之後，加入溜醬油20㎖、味醂80㎖，仔細煮到水分沒了為止。

◎螃蟹砧卷

【作法】用二杯醋拌蟹肉後，再用浸泡過甘醋的桂剝切蘿蔔捲起來。

◎甘醋醃漬雙色甜椒

【作法】紅色與黃色的甜椒分別切成長片，快速過熱水之後浸泡甘醋。

◎南蠻醃漬星鰻（參照166頁）

◎甘醋醃漬紅椒與洋蔥

【作法】紅甜椒薄切成長片，洋蔥薄切，浸泡甘醋。

◎蜂斗菜信田炸

【作法】準備水煮過的蜂斗菜，去油後放進豆皮裡，用泡發的乾瓢綁起來固定。不裹粉直接炸過後撒鹽。

◎鮭魚西京醃漬燒（參照167頁）

◎迷你番茄塞蟹肉（參照166頁）

◎合鴨里肌（參照114頁）

◎煎蛋（參照166頁）

瓦帕雙層便當（圓）

90頁

前方

◎玉米筍

【作法】快速鹽煮之後浸泡湯底高湯。

◎雙色甜椒

【作法】黃色與紅色的甜椒分別切成長片，快速鹽煮過後浸泡甘醋。

◎四季豆

【作法】快速鹽煮過後浸泡湯底高湯。

◎燉煮小芋頭

【作法】小芋頭去皮之後，用八方高湯煮透。

◎姬松笠茨菰（參照166頁）

◎燉煮南瓜

【作法】南瓜去皮後用八方高湯煮透。

◎炸山藥梅肉青紫蘇葉卷

【材料】山藥　薄切豬肉　梅肉　青紫蘇葉　打散的蛋　麵包粉　油炸用油

【作法】

1 鋪平薄切豬肉，塗上梅肉後擺在青紫蘇葉上。

2 山藥切成長薄片擺在1的材料上，作為中心捲起來。浸泡打散的蛋液並沾上麵包粉後，炸出漂亮的顏色。

◎小黃瓜三文魚卷

【作法】小黃瓜縱切成四等分，塗上美乃滋，用煙燻三文魚捲起來。

◎雞肉與四季豆的豆腐皮卷

【材料】雞小里肌　四季豆　生豆腐皮　鹽、胡椒

【作法】

1 將雞小里肌肉切開，薄薄地延展開，撒上鹽、胡椒。四季豆快速鹽煮過。

2 把四季豆放在中間用雞肉捲起來，從上纏繞起生豆腐皮後油炸。

◎高麗菜卷

【材料】豬五花肉片　鹽、胡椒　乾瓢（泡發）　法式清湯

【作法】

1 剝高麗菜的葉子，快速煮過之後擦去水分。

2 將豬五花肉薄切之後鋪平，撒上鹽、胡椒，由前向後一圈一圈地捲起來。

3 用1的高麗菜把2的豬肉包起來，用乾瓢綁起來固定。

4 用清湯把3的材料煮透之後去除水分。

◎綠花椰菜

【作法】分切小朵之後鹽煮，浸泡湯底高湯。

後方

◎甘醋醃漬蓮藕

【作法】蓮藕切成半月形狀後鹽煮，浸泡甘醋。

◎銀杏形狀的蜜煮丸十

【作法】番薯帶皮切成銀杏的形狀後，加入梔子花的果實並預先煮過，變色之後蜜煮。

◎烤山藥（參照169頁）

◎甘醋醃漬蘘荷

【作法】蘘荷用熱水快速煮過之後移到濾網裡，撒上一點鹽。去除餘熱之後，浸泡在甘醋裡。

◎花椰菜（參照169頁）

◎豬肉起司利休炸

【作法】鋪平豬里肌肉片後，撒上鹽、胡椒並夾入起司。按順序沾上麵粉、蛋白，撒上滿滿的白芝麻後油炸。

◎豬肉南瓜利休炸

【作法】鋪平豬里肌肉片後，撒上鹽、胡椒並夾入切片的南瓜。按順序沾上麵粉、蛋白，撒上滿滿的黑芝麻後油炸。

◎梅花造型飯

【作法】白飯混入柴漬後壓成梅花造形。

瓦帕雙層便當

91頁

前方

◎日本九孔天婦羅

【材料】日本九孔　湯汁（比例／高湯10、濃味醬油1、酒1、味醂1、砂糖少量的比例）　加入牛奶的天婦羅麵衣（麵粉40g、水80mℓ、鮮奶油15mℓ）

【作法】

1 用鹽摩擦日本九孔後，從殼裡取出貝肉並去除嘴部，再用湯汁燉煮。

2 用加入牛奶的天婦羅麵衣材料製作麵衣，沾在1的日本九孔上油炸，再裝進殼裡。

◎金針菇培根卷

【作法】金針菇切除根部之後做成方便食用的一束，用培根捲起來後再用牙籤固定，把培根煎到金黃酥脆。

◎馬鈴薯麵衣炸蝦

【材料】蝦子（帶頭帶殼）　馬鈴薯　佛掌薯（磨成泥）　鹽　油炸用油

【作法】

1 將馬鈴薯切絲到非常細，泡水後仔細去除水分。

2 蝦子留頭留尾並剝殼，撒滿麵粉之後沾上磨成泥的佛掌薯，把1的馬鈴薯絲當成麵衣沾上之後，炸出漂亮的顏色。

◎糙米炸沙鮻與山藥的梅肉紫蘇

【材料】沙鮻　梅肉　青紫蘇葉　糙米　麵粉　蛋白　鹽　油炸用油

【作法】

1 準備處理好的沙鮻並撒上鹽。在魚肉側抹上梅肉，擺上青紫蘇葉。

2 把切成長薄片的日本山藥擺在中心捲起來，撒滿麵粉並浸泡蛋白，沾上磨碎的炒糙米後，炸出漂亮的顏色。

◎霰餅炸帆立貝與南瓜

【材料】帆立貝干貝（生）　南瓜　麵粉　打散的蛋　鹽　茶泡飯用的霰餅　油炸用油

【作法】

1 把帆立貝的厚度切半，稍微撒點鹽。南瓜切成與帆立貝同樣的大小，用八方高湯煮過。

2 把帆立貝與南瓜各一片疊起來做成一組。按順序沾上麵粉、打散的蛋液，撒滿茶泡飯用的霰餅，炸出漂亮的顏色。

◎青紫蘇葉炸沙丁魚

【作法】沙丁魚處理好之後沾上天婦羅麵衣，撒上切碎的青紫蘇葉後油炸。

◎烤山藥

【作法】山藥帶皮直接烤出金黃色，快速煮過之後，用濃味八方高湯煮透，去除水分後切成半月形狀。

◎高湯蛋卷

【材料】雞蛋3顆　砂糖1大匙　白高湯1大匙　溶進水裡的太白粉（水2大匙、太白粉1小匙）　淡味醬油少許

【作法】將所有材料混合之後攪拌成蛋液，適量地倒入潤油過的煎蛋器，一圈一圈向前捲起來。再次倒入蛋液後重複同樣的步驟煎烤，捲成恰到好處的大小。煎好之後移到捲簾上做出形狀，分切成方便食用的寬度。

◎絹莢豌豆

【作法】去筋之後迅速煮過，浸泡湯底高湯。

◎花椰菜

【作法】分切小朵之後煮過，浸泡湯底高湯。

◎燉煮姬竹

【作法】姬竹去除澀味之後，用淡味八方高湯煮透，撒上鰹魚粉。

◎虎鰻蔥味噌鳴門卷

【作法】準備處理好的虎鰻後骨切。帶皮側朝上放置，沾上太白粉後塗上肉味噌，把青蔥擺在中心捲成漩渦狀之後，用竹籤固定。沾上天婦羅麵衣油炸。

◎雙色魚漿丸子串

【材料】蝦泥100g　白肉魚魚漿100g　A（蛋白1大匙　日本山藥泥20g　昆布高湯100mℓ左右　酒少許）　青海苔　天婦羅麵衣

【作法】準備蝦泥、白肉魚魚漿，分別加入A的材料仔細攪拌，捏圓成一口大小。煮過一次使其熟了之後插入竹籤，沾上加入青海苔的天婦羅麵衣後油炸。

後方

◎燉煮山藥

【作法】山藥帶皮直接燉煮，切成方便食用的大小。

◎燉煮南瓜

【作法】南瓜去皮之後用八方高湯煮透。

◎小茄子琉璃煮

【作法】

1 小茄子切去蒂頭周圍，在四面八方都劃下較深的刀痕後，用稍低的溫度不裹粉直接油炸，做好定色處理之後，浸泡冰水並擦去水分。

2 將濃味八方高湯加熱，沸騰之後放入1的茄子並馬上關火，就這樣直接放涼。

◎蕪菁砧卷

【作法】蕪菁薄切之後撒上鹽，再浸泡甘醋。把長薄片的胡蘿蔔與小黃瓜交互搭配起來擺在中心，用甘醋醃漬的蕪菁捲起來並切成小段。

◎綠花椰菜

【作法】分切小朵後鹽煮，再浸泡湯底高湯，撒上磨碎的芝麻。

◎楓葉形狀的胡蘿蔔（參照170頁「梅花形狀的胡蘿蔔」）

◎燉煮青芋莖

【作法】將青芋莖快速煮過之後，浸泡湯底高湯。

◎樹葉形狀的馬鈴薯

【作法】馬鈴薯削皮之後切成樹葉的形狀，用湯底高湯煮透。

◎甘醋醃漬菊花形狀的蕪菁

【作法】蕪菁去皮之後，將頭尾切除切得稍多一些，深深地劃下細細的格子狀刀痕。若蕪菁較大則切成容易入口的大小，浸泡薄鹽水泡軟。確實擰乾水分之後，加入辣椒段並浸泡甘醋。

◎水果（乾杏子、奇異果、葡萄柚、柳橙、葡萄）

◎燉煮小芋頭

【作法】芋頭去皮，用八方高湯煮透。

◎燉煮葫蘆形狀的麩

【作法】將葫蘆形狀的麵筋不裹粉直接炸過，用熱水去油之後，再用八方高湯煮透。

◎雞肉丸子

【作法】雞絞肉加入佛掌薯泥、雞蛋後仔細攪拌。做成小顆的丸子並快速煮過之後撈起來，用八方高湯煮透。

◎甘醋醃漬蘘荷

【作法】蘘荷用熱水快速煮過之後移到濾網裡，撒上一點鹽。去除餘熱後浸泡甘醋。

◎甘醋醃漬蓮藕

【作法】蓮藕去皮之後切片，浸泡醋水之後快速煮過。去除餘熱後浸泡甘醋。

◎甘醋醃漬雙色甜椒

【作法】黃色與紅色的甜椒分別切成長片後，快速煮過並浸泡甘醋。

◎圓形造型飯

【作法】白飯放入圓形模具裡壓出造形，撒上黑芝麻。

茶蕎麥麵抽屜便當 92頁

上層

◎柿子模樣的蛋

【作法】把溫泉蛋的蛋黃部分醃漬在醬油（或是味噌）裡約1天，蛋黃變透明之後就完成了。

◎烤秋刀魚

【作法】將一片秋刀魚橫切成三條，編成三股辮後鹽烤。

◎芋頭海膽燒

【作法】將旨煮芋頭（參照171）橫切成對半，擺上生海膽燒烤。

◎梅花形狀的胡蘿蔔

【作法】胡蘿蔔切成梅花形狀，用湯汁（以白高湯240㎖，淡味醬油、味醂各30㎖的比例調配而成）炊煮到變軟為止。

◎蕎麥麵高湯的高湯蛋卷

【材料】雞蛋3顆　蕎麥麵高湯※50㎖

【作法】雞蛋打散，加入蕎麥麵高湯攪拌，做成高湯蛋卷。

※蕎麥麵高湯／用白高湯3.5搭配蕎麥麵沾醬調味料1的比例調製成。

※白高湯／水18ℓ、羅臼昆布40g、沙丁脂眼鯡200g、鯖魚乾300g、鮪魚幼魚乾200g熬出來的高湯。

※蕎麥沾醬調味料／雙目糖400g、味醂5.4ℓ、濃味醬油1.8ℓ。搭配溜醬油2ℓ製成。

◎旨煮芋頭

【作法】芋頭去皮之後用洗米水煮過，加熱到可以輕易插入竹籤後水洗。湯汁（高湯３００㎖、鹽1大匙、淡味醬油20㎖、味醂50㎖的比例）調配好後加熱，放入預先煮過的芋頭，用小火慢慢煮透。

◎柔煮章魚

【材料】章魚　蘿蔔　湯汁（水3、酒2、氣泡水1、砂糖0.2、濃味醬油0.2的比例）

【作法】

1 章魚淋熱水燙白，放入水裡洗去髒汙。蘿蔔去皮之後切成方便食用的大小。

2 把湯汁材料裡的水、酒、氣泡水混合，放入章魚和蘿蔔煮到變軟為止。

3 湯汁變成約1/5的量後，加入湯汁材料裡的砂糖與濃味醬油，就這樣放涼慢慢入味。

◎秋葵

【作法】秋葵用鹽搓揉，快速煮過後放入冷水裡。製作醃漬醬汁（白高湯３００㎖、鹽1大匙、淡味醬油10㎖），待秋葵冷卻之後再浸泡醬汁。

◎蝦子、大眼鮪天婦羅

【作法】將帶尾剝殼的蝦子與處理好的大眼鮪撒上手粉後，沾上適量的天婦羅麵衣（天婦羅粉１５０ｇ加冷水１８０㎖，簡單攪拌而成）後，用１７５℃的油油炸並灑鹽。

◎烏賊海膽燒

【作法】烏賊切成一口大小，用菜刀劃鹿紋後直接烤過。烤成八分熟後，用刷子刷上以蛋黃化開的海膽醬烤過。重複這道手續3次後完成。

◎茶蕎麥麵

【作法】將茶蕎麥麵煮至恰到好處後水洗。雞蛋絲是在雞蛋裡加入溶進水裡的太白粉仔細攪拌之後，用小火薄煎，待放涼後切碎。裝入茶蕎麥麵，用雞蛋絲、鮭魚子、糖煮番茄※當配料。

※糖煮番茄／迷你番茄泡熱水剝皮後，用水５、砂糖１的比例調配成的糖漿慢慢煮過。

下層

◎豆皮蕎麥麵

【作法】用熱水將豆皮壽司用的豆皮去油之後水洗，排列在鍋裡。把豆皮放入湯汁（用白高湯３２０㎖、淡味醬油40㎖、雙目糖50ｇ的比例調配而成）裡，蓋上落蓋使其入味。

◎水果（哈密瓜、鳳梨、櫻桃）

◎祭典壽司

【材料】壽司飯（白飯1合、醋2大匙、砂糖1.5大匙、鹽0.5小匙）　雞蛋絲　蝦子　甘醋醃漬蓮藕　秋葵　櫻肉鬆

【作法】壽司飯（參照１３４頁）上鋪滿雞蛋絲，用煮過並泡醋的蝦子、甘醋醃漬蓮藕（參照１１７頁）和切段的秋葵擺出漂亮的配色。最後撒上櫻肉鬆（市售品）。

◎鮮菇飯

【材料】米1合　鴻禧菇、杏鮑菇各適量　豌豆仁少許　A（白高湯１４０㎖、淡味醬油10㎖、味醂10㎖、鹽5g、酒1小匙）

【作法】

1 鴻禧菇剝成小叢，和杏鮑菇一起切小塊。豌豆仁鹽煮後放著。

2 洗過的米放入飯鍋裡，配合米的份量倒入A的材料，再放入菇類炊煮。最後撒上豌豆仁。

轎子便當 93頁

上層

◎蕎麥麵壽司

【材料】蕎麥麵　烤海苔　煎蛋　蝦子　絹莢豌豆細絲

【作法】把保鮮膜鋪在捲簾上並擺放烤海苔，鋪上煮過的蕎麥麵。在前方擺上煎蛋、煮好的蝦子、絹莢豌豆（切絲並水洗，鹽煮之後浸泡冷水，再將整體撒點鹽）之後捲起來。

◎秋刀魚棒壽司

【作法】準備處理好的秋刀魚，去骨並撒上鹽之後放置10分鐘。水洗之後仔細擦去水分，泡醋泡10分鐘做醋漬之後去除薄皮。壽司飯用捲簾捲出形狀。擺上醋漬秋刀魚、白板昆布※後，用保鮮膜捲起來，暫時靜置一會。切成方便食用的大小後裝進便當盒。

※白板昆布是快速煮過之後放涼，再浸泡甘醋製成。

◎甘醋醃漬紅白薑芽

【作法】用熱水煮過之後撒上鹽，直接放涼後浸泡甘醋。

下層

◎蕎麥麵高湯的高湯蛋卷（參照１７０頁）

◎茄子田舍煮

【作法】茄子用１８０℃的油過油之後，放入湯汁（白高湯6、濃味醬油1、味醂1的比例）裡用小火炊煮入味。

◎燉煮香菇

【作法】香菇快速煮過之後，用白高湯２４０㎖、淡味醬

油30㎖、味醂30㎖炊煮。

◎白鯧柚庵燒

【作法】白鯧切成方便食用大小的肉塊，浸泡柚庵地醬汁（用酒3、濃味醬油1、味醂1的比例加上切圓片的日本柚調配而成）約4個小時，取出之後烤成金黃酥脆。

◎蒟蒻田舍煮

【作法】蒟蒻煮過之後移到濾網裡放涼。在「茄子田舍煮」的湯汁裡加入紅辣椒，把蒟蒻放進去煮入味。

◎芋頭海膽燒（參照170頁）

◎秋葵（參照171頁）

◎旨煮芋頭（參照171頁）

◎艷煮川蝦

【作法】將川蝦不裹粉直接炸過。用酒5、味醂5、淡味醬油2的比例在鍋裡混合之後加熱。開始沸騰時放入炸好的蝦子使整體入味。

◎絹莢豌豆（參照169頁）

◎柿子模樣的蛋（參照170頁）

◎紅白百合根茶巾絞

【作法】百合根蒸好之後篩過，加入少許砂糖與太白粉攪拌。一半用紅色食用色素上色，再和剩下的搭配起來，用紗布擠壓成茶巾絞。

◎烏賊海膽燒（參照171頁）

◎栗子澀皮煮

【作法】栗子剝去硬皮之後泡水，把栗子放入鍋裡加熱，放入少量小蘇打粉，煮大約5分鐘後泡水，仔細地去除薄皮上的筋。泡水大概2天後，用糖漿（水10、砂糖4的比例）炊煮，最後加入少許濃味醬油調味。

◎柔煮章魚（參照171頁）

◎烤秋刀魚（參照170頁）

彩色讚岐烏龍麵便當 93頁

第一列

◎滑子菇烏龍麵

【作法】將加入滑子菇萃取物的烏龍麵煮過，擺上梅花胡蘿蔔與絹莢豌豆。

◎旨煮芋頭（參照171頁）

◎味噌醃漬溫泉蛋（參照170頁「柿子模樣的蛋」）

◎迷你番茄

◎紅白百合根茶巾絞（參照172頁）

◎讚岐烏龍麵

【作法】將讚岐烏龍麵煮至恰到好處之後，浸泡冷水冷卻。擺上雞蛋絲、切碎的蔥和梅花形狀的胡蘿蔔（參照170頁）。

第二列

◎茄子田舍煮（參照171頁）

◎玉米筍

【作法】快速煮過之後浸泡湯底高湯。

◎旨煮香菇與牛蒡（參照171頁「燉煮香菇」）

◎抹茶烏龍麵

【作法】將加入抹茶的烏龍麵煮至恰到好處之後，浸泡冷水冷卻。用櫻桃蘿蔔和紅、黃色甜椒當配料。

◎煎蛋（參照166頁）

◎蒟蒻田舍煮（參照172頁）

◎艷煮川蝦（參照172頁）

◎蜜煮丸十（參照132頁）

第三列

◎讚岐烏龍麵（參照172頁）

◎蝦子、大眼鮪天婦羅（參照171頁）

◎秋葵

◎梅花形狀的麩

◎梅子烏龍麵

【作法】將拌入梅肉的烏龍麵煮至恰到好處之後，浸泡冷水冷卻。配上梅花胡蘿蔔和絹莢豌豆。

※這份便當的沾麵醬是另附的。

北海帆立貝與鮭魚的彩色便當 94頁

北海道

【材料】米2合　生鮭魚100g　帆立貝70g　A〔酒、水各40ml　淡味醬油、濃味醬油各5ml　味醂10ml〕鮭魚子40g　雞蛋絲30g　甜豌豆

【作法】

1 洗好米後煮飯。

2 鮭魚撒上稍多的鹽，用185℃烤10分鐘後剝成肉絲。

3 帆立貝浸泡A的調味醬汁20分鐘後取出，用185℃的烤箱烤過之後，把1個切成4等分。

4 混合白飯與烤鮭魚的肉絲之後，取適量裝入容器裡。鋪上雞蛋絲。擺上帆立貝、鮭魚子後，配上甜豌豆。

五平餅便當 94頁

岐阜

【材料】白飯210g　鹽少許　味噌醬料〔紅味噌100g、砂糖120g、濃味醬油90ml、味醂90ml、柴魚粉少許　綜合堅果70g〕　醃漬排※

【作法】

1 準備剛煮好的白飯，加鹽後搗爛到約六成的程度，分成3等份捏成團。

2 把味噌醬料的材料放入研缽裡研磨攪拌。

3 把味噌醬料塗在1的飯糰上並烤過，小心不要烤焦。裝進容器裡，配上醃漬排。

※「醃漬排」是用芝麻油把長時間醃漬的大白菜炒得香酥可口製成。

虎鰻與九條蔥的散壽司 94頁

京都

【材料】虎鰻100g　米2合　壽司醋〔醋36ml、砂糖42g、鹽8g〕　佃煮九條蔥〔九條蔥2條、薑絲1/4塊的量　醬油2小匙　A／酒、味醂、蜂蜜各1小匙〕　照燒醬料〔濃味醬油、溜醬油各20ml，砂糖、雙目糖各20g，味醂40ml、酒10ml〕　雞蛋絲適量　山椒嫩芽

【作法】

1 米洗好之後，用比平常稍少的水量來煮飯並配上壽司醋。

2 製作九條蔥的佃煮。蔥斜斜地薄切之後，用熱水煮20秒左右，去除水分之後放入小鍋子裡，放入薑與A的調味料，熬煮到水份沒了為止。

3 混合好醬料的材料加熱熬煮，製作出醬料。

4 虎鰻骨切之後縱向插上竹籤，不加調味料直接烤過之後，一邊淋上醬料，一邊把兩面都烤出漂亮光澤，然後切成一口大小。

5 把壽司飯塞入容器裡，交互擺上虎鰻、九條蔥的佃煮、雞蛋絲以擺出格子狀花紋，並用山椒嫩芽當配料。

京綾部便當 95頁

綾部

【材料】

◇滷上林雞

雞腿肉1/2塊　牛蒡1/2條　乾燥香菇3朵　芋頭2顆　蒟蒻1/3片　胡蘿蔔1/4根　絹莢豌豆3條　昆布1片　蓮藕1/3節　沙拉油少許　湯汁〔泡發乾香菇的水80ml、濃味醬油45ml、味醂30ml、酒40ml、砂糖30g、柴魚高湯280ml〕

◇山椒小魚乾

小魚乾250g　酒360g　淡味醬油135ml、濃味醬油10ml、砂糖60g、味醂10ml、山椒果實20g〕

◇丹波栗子飯

米2合　水360ml　酒15ml　味醂18ml　鹽適量　剝好的栗子200g

【作法】

1 製作「滷上林雞」。雞肉切成一口大小。芋頭切成六角形並去皮。蓮藕切成花的形狀。乾燥香菇泡發之後切雕。蒟蒻做成韁繩的模樣。胡蘿蔔切成螺旋梅花，用八方高湯煮透。在鍋裡熱好沙拉油之後，按順序，從比較難煮熟的食材開始放入鍋裡拌炒，倒入湯汁，熬煮出漂亮的色澤。

2 製作「山椒小魚乾」。小魚乾淋熱水後移到濾網裡。在鍋子裡混合好調味料後加熱，煮滾之後，放入小魚乾稍微煮過並移到濾網裡。湯汁稍微熬乾之後，再把小魚乾放回去。重複這道手續約3次，當湯汁剩下一點點之後，加入山椒果實將水分煮乾。

3 製作「丹波栗子飯」。米洗過之後移到濾網裡，放進飯鍋，加入酒、味醂、鹽並調整好水量後，加入剝好的栗子炊煮。

4 把1～3的材料漂亮地裝進容器裡，山椒小魚乾裡添加食用花，滷雞肉則配上山椒嫩芽。

長崎爌肉便當 95頁

長崎

【材料】爌肉※　炊飯〔米2合、胡蘿蔔5cm長、牛蒡8cm長、乾燥香菇2朵、滷汁60ml，水、鹽各少許〕　雞蛋絲※　絹莢豌豆　梅花胡蘿蔔

【作法】

1 製作炊飯。分別將胡蘿蔔、牛蒡細切。牛蒡泡水。乾燥香菇泡發後細切。

2 把1的材料、滷汁放入鍋裡，倒水直到食材稍微露

頭的程度，蓋上蓋子將食材煮到變軟之後，炒煮到水份乾了為止。

3 把洗好的米放入飯鍋裡，將水倒到適當的刻度後，加入2的食材與少量的鹽炊煮。

4 把炊飯塞進容器裡，鋪滿雞蛋絲。排放爌肉，添加梅花胡蘿蔔、絹莢豌豆。

※ 爌肉／準備豬五花肉肉塊，把豬肉與米糠放入鍋裡，倒入滿滿的水。煮2～3小時把肉煮到變軟之後洗去米糠。在鍋子裡熱好油，用大火把豬五花肉煎過，煎成金黃色之後切開。在另一個鍋子裡，倒入蔥青、薑、高湯、酒、砂糖與濃味醬油後放入豬肉，煮到豬肉充分變軟為止。

※ 雞蛋絲／蛋1顆配上美乃滋1/2小匙煎成薄煎蛋，冷卻之後細切。

肥後便當

95頁

熊本

【材料】

◇高菜燒飯

洋蔥末50g　胡蘿蔔末20g　切碎的高菜70g　魩仔魚30g　白飯2合量　奶油30g　芝麻油少許

◇滷料理

芋頭2顆　胡蘿蔔1/4根　蒟蒻1/3片　昆布1片　蓮藕1/3節　乾燥香菇3朵　牛蒡1/4條　絹莢豌豆3條）滷汁（柴魚高湯360ml　砂糖20g　味醂15ml　濃味醬油30ml　酒15ml）

◇芥末蓮藕

麥味噌30g　日本芥末80g　煮好的蛋黃30g　麵粉、梔子花、水各少許　蓮藕1/3節　太白粉少許

◇炙燒馬肉

馬肉40g　鹽、黑胡椒各少許

◇一文字層層卷

【材料】日本分蔥2根　雞蛋味噌20g　醋少許　牛排醬※適量

【作法】

1 製作「高菜燒飯」。將洋蔥與胡蘿蔔切末，用芝麻油炒到變軟之後，加入高菜與魩仔魚仔細炒過。倒入白飯，用奶油、鹽、胡椒調味並炒鬆。

2 製作「滷料理」。將芋頭、胡蘿蔔、蒟蒻、蓮藕分別切齊成一口大小，並把各個食材預先煮過。把預先煮過的蔬菜與泡發的乾燥香菇用滷汁煮入味。最後加上鹽煮絹莢豌豆。

3 製作「芥末蓮藕」。蓮藕用醋水燙過後放涼，用八方高湯炊煮。在蓮藕的洞裡塞入麥味噌、日本芥末、水煮蛋的蛋黃混合成的配料。將梔子花放入水裡，讓水變成黃色後加入麵粉做成麵衣，沾在蓮藕上油炸。分切成方便食用的寬度。

4 製作「炙燒馬肉」。馬肉撒上鹽、胡椒後炙燒，配上牛排醬※。

5 製作「一文字層層卷」。把分蔥用熱水煮過之後撒鹽，放涼後一層一層捲起來。雞蛋味噌加醋做成醋味噌，淋在一文字層層卷上。

※ 牛排醬是將煮去酒精的酒2合、煮去酒精的味醂4合、濃味醬油1.5合、溜醬油1合、洋蔥泥1/2顆量、薑泥50g、蒜泥25g，黑芝麻、白芝麻各少許混合起來加熱煮滾之後，用溶入水裡的葛粉勾芡製成。

散壽司便當

96頁

上層

◎鰻魚蛋卷（參照142頁）

◎星鰻鳴門卷（參照145頁）

◎燉煮蓮藕（參照143頁）

◎燉煮胡蘿蔔（參照143頁）

◎燉煮芋頭（參照143頁「小芋頭煮物」）

◎美人粉炸魚漿（參照121頁）

◎迷你秋葵（參照159頁）

◎烤山藥（參照169頁）

◎旨煮日本九孔（參照131頁）

◎茄子煮物（參照149頁「燉煮炸茄子」）

下層

◎散壽司（參照123頁）

握壽司便當

96頁

上層

◎握壽司［章魚、烏賊、鯛魚、竹筴魚、蝦子］

◎醋漬蘘荷（參照146頁）

下層

◎高湯蛋卷（參照118頁）

◎燉煮牛蒡（參照143頁）

◎燉煮小芋頭（參照168頁）

◎梭魚祐庵燒（參照116頁「祐庵燒」）

◎柔煮章魚（參照131頁）

◎各式麵衣炸帆立貝泥（參照121頁）

◎鹽煮蝦（參照139頁）

◎鹽煮毛豆

酒餚便當

97頁

◎高湯蛋卷（參照118頁）

◎楓葉形狀的紅甜椒（參照52頁）
◎秋刀魚有馬燒（參照133頁）
◎樹葉形狀的丸十（參照132頁）
◎鮭魚昆布卷（參照152頁）
◎柚子醋醃漬鴻禧菇（參照153頁）
◎白煮星鰻（參照131頁）
◎甘醋醃漬花形蓮藕（參照117頁）
◎四季豆　金針菜　萵筍　松葉插章魚
◎燉煮牛蒡（參照143頁）
◎香菇利休炸（參照153頁「美人粉炸香菇」）
◎甘煮茨菰（參照132頁）
◎迷你秋葵（參照157頁）
◎白燒虎鰻（參照153頁「照燒虎鰻」）
◎博多燒星鰻配袱紗卵（參照152頁）
◎芝煮竹節蝦（參照115頁）
◎百合根茶巾絞（參照152頁）

握壽司便當
97頁

◎鮭魚有馬燒（參照133頁）
◎燉煮飛龍頭、山椒嫩芽（參照115頁）
◎紅酒醃漬樂京（參照164頁）
◎高湯蛋卷（參照118頁）
◎松葉插柚子醋醃漬鴻禧菇（參照153頁）
◎博多燒星鰻配袱紗卵（參照152頁）
◎栗子澀皮煮（參照133頁）
◎梅子醋醃漬白蘆筍（參照117頁）
◎甘醋醃漬花形蓮藕（參照117頁）
◎照燒虎鰻（參照153頁）
◎甘煮茨菰（參照132頁）
◎鮭魚昆布卷（參照152頁）
◎蒟蒻田舍煮（參照133頁）
◎干貝黃身煮（參照152頁）
◎楓葉形狀的紅甜椒（參照52頁）
◎楓葉、樹葉形狀的丸十（參照132頁）
◎小黃瓜海苔卷、鐵火卷、豆皮壽司、鮪魚磯邊卷
◎甘醋醃漬薑（參照135頁）

爌肉飯
99頁

【作法】爌肉（參照173頁「長崎爌肉便當」）切成一口大小，將燉煮小芋頭（參照168頁）、雙色甜椒、螺紋梅花形狀的胡蘿蔔、鴨兒芹的莖擺在飯上。

五目炊飯
99頁

【作法】將2合的米洗過之後移到濾網裡，放置約30分鐘。蒟蒻細切之後預先煮過。雞肉做成碎肉，胡蘿蔔細切，配上米之後加入360㎖高湯、1大匙淡味醬油、鹽1/2小匙、1小匙蠔油、1大匙味醂來炊煮。

蒲燒鰻魚飯
99頁

【作法】在白飯上鋪滿雞蛋絲，擺上蒲燒鰻魚。撒上切片甜椒、斜切小段的甜豌豆和鹽煮毛豆。

合鴨里肌飯
99頁

【作法】白飯擺上合鴨里肌（參照114頁），放上燉煮花形蓮藕、栗子甘露煮，配上雙色甜椒、絹莢豌豆。

炸酥雞飯
99頁

【作法】白飯上鋪滿雞蛋絲，將雞肉炸得酥酥脆脆※後擺上。配上切片的黃色與紅色甜椒、快速煮過的鴨兒芹莖，擺出漂亮的色彩。

※酥脆炸雞是在雞腿上插入4～5根牙籤將雞肉固定，浸泡鹽水一個晚上後，再取出並風乾一晚。用中高溫從帶皮側開始油炸，表面變硬之後放涼。用中溫二次油炸，把中間也炸熟。最後再用高溫炸出酥脆口感即完成。

西式炸豬排三明治便當
100頁

【作法】把三明治用的吐司切去吐司邊，塗上奶油與芥末。一組用炸豬排，另一組則用炸蝦、小黃瓜絲與萵苣，夾上塔塔醬後用熱壓吐司機烤過。可依喜好塞入炸薯條、德式香腸、綠花椰菜等等。

PROFILE

大田忠道

1945年生於兵庫縣。擔任「百萬一心味 天地之會」的會長一職，同時也是兵庫縣日本調理技能士協會會長、神戶名人。在2004年春，獲頒「黃綬褒章」。2012年春，獲頒「瑞寶單光章」。曾擔任中之坊瑞苑的料理長，之後自立門戶。現在在兵庫縣有馬溫泉開設了「奧之細道」、「四季之彩 旅籠」、「御馳走塾 關所」等餐廳。培養出許多在全國各旅館、飯店、割烹料理等餐廳擔任調理長的人才。活躍於電視、雜誌的同時，也在兵庫營養製菓專門學校、betterhome協會等傳授廚藝。著有《日本料理高湯・醬汁總匯》、《新・生魚片料理的調理與表現方式（暫譯）》、《國寶大師の日式炸物好吃祕訣》（瑞昇中文版）、《大田忠道親授！日本料理入門課》（瑞昇中文版）等許多著作。

TITLE

精緻和風便當料理

STAFF

出版　瑞昇文化事業股份有限公司
作者　大田忠道
譯者　張俊翰

總編輯　郭湘齡
責任編輯　蔣詩綺
文字編輯　黃美玉　徐承義
美術編輯　孫慧琪
排版　執筆者設計工作室
製版　昇昇興業股份有限公司
印刷　皇甫彩藝印刷股份有限公司

法律顧問　經兆國際法律事務所　黃沛聲律師

戶名　瑞昇文化事業股份有限公司
劃撥帳號　19598343
地址　新北市中和區景平路464巷2弄1-4號
電話　(02)2945-3191
傳真　(02)2945-3190
網址　www.rising-books.com.tw
Mail　deepblue@rising-books.com.tw

初版日期　2018年4月
定價　400元

國家圖書館出版品預行編目資料

精緻和風便當料理 / 大田忠道著；張俊翰譯. -- 初版. -- 新北市：瑞昇文化, 2018.04
176面；19 x 25.7公分
譯自：「人気の弁当料理」大全
ISBN 978-986-401-233-6(平裝)
1.食譜 2.日本
427.17　107004001